星际迷航

50年服装纵览

星际迷航
50年服装纵览

［美］宝拉·M.布洛克（PAULA M. BLOCK）

［美］特里·J.厄德曼（TERRY J. ERDMANN） 著

赵 伟 译

中国纺织出版社有限公司

目录

绪论

罗伯特·布莱克曼（*Robert Blackman*）

有人曾经问我，对我来说，《星际迷航》（*Star Trek*）的"遗产"会是什么。

停止大笑之后，我终于想出了一个简单又复杂的答案。

这份工作本身就是我遗留给世人的财富。这就是我16年来所做的，你可以喜欢它，也可以讨厌它，我可想不出什么高大上的词汇了。

1989年，当我第一次参与到《星际迷航：下一代》（*Star Trek: The Next Generation*）的制作时，我是拒绝的，还说"不行"！邀请我的人是沃尔特·霍夫曼（Walt Hoffman），他负责派拉蒙影业公司的服装项目及其公司内部服装制作室。沃特对我十分宽容。他问我："干嘛不来啊？"我回答说："我前20年都在干19世纪的活，对未来的服装设计，我不懂啊。"后来他告诉我："我们在筹备《星际迷航》第三季，已经有两位设计师了，但这肯定不够。就算给我帮个忙，来吧。"

所以我就去见了制片人大卫·利文斯顿（David Livingston）。我本来以为是一个简短的会面，结果，这次见面持续了近一个小时。会谈结束时，我发现自己斜躺在椅子上，双脚放在大卫的桌子上，胆子简直太大啦！我对他推销项目的方式很感兴趣。他积极向上，也总是看到事情光明的一面，比如，乐趣、挑战以及《星际迷航》将带给我的创造力。

我的核心价值观是挑战与个人成长，并且，在后来16年里也以此为准绳。

我不太熟悉比尔·泰斯（Bill Theiss）在《星际迷航：原初系列》中所做的内容，但我很快发现，吉恩·罗登贝瑞（Gene Roddenberry）和里克·伯曼（Rick Berman）以及其团队成员，包括艾拉·史蒂文·贝尔（Ira Steven Behr）和布兰农·布拉加（Brannon Braga）等人，他们不想以此为基础和跳板，他们要的是重新开始，对整个系列寻求一种全新的感觉，首先就是重新设计《星际迷航：下一代》的制服，短时间内我学到了很多东西。

当我开始参与的时候，吉恩却退让了，他对节目投入得越来越少。而我只对制片人里克·伯曼负责。我和里克达成约定，可以谨慎地进行尝试。我告诉他："我会设计出一些看似荒唐的服装，你可能不会喜欢，但我需要试验，也需要挑战自己。"毕竟，如果这些服装在电视剧中没有什么效果，那它就只是二十六集中的一集，没有人会因为衣服看起来滑稽而终止这个系列。这说服了里克，让我可以更进一步创造出视野开阔的设计。与里克的合作丰富了我在《星际迷航》的任期，也让我对这份工作保持了新鲜感。

要知道，当我开始为这个节目工作时，很多标志性的形象已经建立起来了。罗伯特·弗莱彻（Robert Fletcher）重新设计了《星际迷航》的整体视觉效果。他设计的克林贡人（Klingons）和瓦肯人（Vulcans）的服装经受住了时间的考验。之后，他成了这些服装的永久原创者。有一些角色的

上图：罗伯特·布莱克曼：永远的男人

服装发生了变化，比如罗慕伦人（Romulans），但克林贡人的服饰就没有。我有时会进行改动，但只限于那些不会重新定义这个种族的故事场景。包括克林贡人在内，我都是在鲍勃·弗莱彻（Bob Fletcher）的基础上进行少许的改进。

同样地，杜琳达·赖斯·伍德（Durinda Rice Wood）和黛博拉·埃弗顿（Deborah Everton）设计出了博格人（Borg）的服装。我想到了如何在几分钟内让演员穿上戏服，并让电视里的戏服更耐用的办法。这确实花了一些时间，但形象还是没有变。接着是福瑞吉人（Ferengi）。比尔·泰斯设计了他们战士的造型，杜琳达又把它重新设计得更漂亮了。我则更进一步，把他们设计成贪婪的平民的样子。

《星际迷航：进取号》（Enterprise）上的新地（Xindi）战士的造型是我设计的。鲍勃·林伍德（Bob Ringwood）为《星际迷航：复仇女神》（Star Trek Nemesis）设计的雷慕人套装（Reman suits）非常了不起，在这一基础上，我做了其他款式。

我花了很多时间从主题上重新定义《星际迷航》的一些东西，使它们从长远来看更有用。

长期来看，我们的工作总体上是成功的。在拍摄电视系列期间，我与卡罗尔·昆兹（Carol Kunz），还有许多服装工作人员一起工作。卡罗尔是我的左膀右臂，是我亲爱的朋友。我喜欢一直和同一个团队合作。我不是一个事无巨细的管理者，我只负责艺术部分。如果有什么东西不能让艺术以其应有的方式呈现，我会和负责这方面的工作人员沟通："我觉得这里有点问题，我们要做点什么才好呢？"总之，我的工作是确保服装进入镜头时的完美状态。

从过去到现在，我的灵感一直是文本。一切都要根据剧本来完成，如果不是来自剧本的话，那一般就出自我和里克之类的朋友之间的聊天，比如有关某个新角色的意义。从那开始，我会做点速记，看看我已经做了什么，什么还没做，这样就不会重复工作了。我喜欢在我的"工具箱"中寻找未使用的工具。在参与《星际迷航》的岁月里，那个工具箱变得非常巨大！我找到了很多行事和解决问题的办法。现在，它们都在我心底的联络簿当中，我可以从脑海里取出来，放在办公桌上，并用到任何一份新工作中。这就是我在这些尝试中的收获。

《星际迷航》这份"遗产"是很多人共同努力的结果。你可以把《星际迷航》的服装呈现合起来看成一条百脚虫。我的工作也许是贡献了51条腿，而其他49条腿是由那些多才多艺的人共同完成的。这本书中，宝拉（Paula）和特里（Terry）记录了其中的一些工作，尝试向你们展示更多的成果，我很高兴能与之同行。

星际迷航:
原初系列

STAR TREK:
THE ORIGINAL SERIES

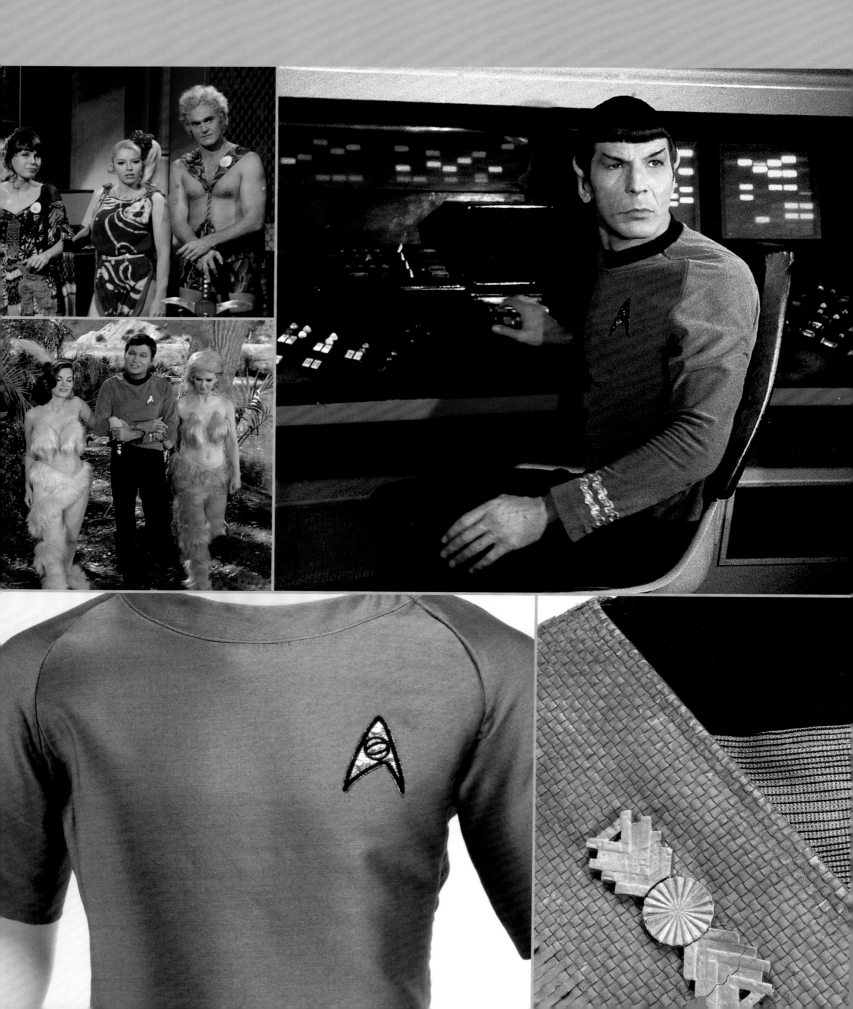

星际迷航：
原初系列

STAR TREK:
THE ORIGINAL SERIES

下图：设计师威廉·沃利斯和女演员苏珊·奥利弗，她在拍摄《星际迷航》试播集《囚笼》
对页图：《特里斯基隆的游戏玩家》中的莎娜（安吉丽克·佩蒂约翰饰），她穿着经典的泰斯设计。

开始，威廉·韦尔·泰斯（William Ware Theiss）是比尔介绍给朋友们的。泰斯是一个非常注重隐私的人，很少接受采访，他还是一个充满激情的完美主义者。据说，他对工作的热情有时近乎粗鲁。《星际迷航》首次为他的服装设计带来了引人瞩目的荣誉。此前他在肥皂剧、电视综艺节目和情景喜剧的服装部门默默无闻地工作了多年。在该系列播出三年后，泰斯登上了大银幕，为重要的热门人物打造高级定制服装，如《光荣之路》（Bound for Glory）中的哈罗德（Harold）和《我心不停转》（Heart Like a Wheel）中的莫德（Maude）。尽管后来取得了成功，但他的"遗产"一直以星空为中心，人们会永远记住他，他是为《星际迷航：进取号》全体船员设计衣服的人，也为船员们脱下了他们在五年任务中遇到的女特工的衣服。

1964年，《星际迷航》的创作者吉恩·罗登贝瑞注意到了泰斯。他当时是《雷·布拉德伯里的世界》（The World of Ray Bradbury）的服装设计师，此时三部独幕剧正在洛杉矶上演。泰斯在1968年的一次采访中回忆说："其中一部是改编自（布拉德伯里）著名短篇小说《草原》（The Veldt），它为制作出适合20世纪90年代背景的奢华未来主义服装提供了一个绝佳的机会。因为我的评论，吉恩·罗登贝瑞看到了这场戏。"[1]

当时，罗登贝瑞正开始尝试科幻作品。他认为泰斯的设计中有一些独特的东西，就聘请泰斯为《星际迷航》的试播集制作服装，并且，在美国全国广播公司（NBC）购买试播集后，又请他为该剧制作服装。

泰斯得到的指令是，在极少的预算和极其紧张的时间内，打造出不同于以往任何商业电视上的设计。然而，正如他所说，这些限制与每个从事本剧工作的部门所面临的限制相比，并无不同。他解释说，更难的任务是"创造出具有未来主义的设计，并表达出我们此时此地的未来"，当然，如果做不出这种设计，对那些在家看节目的人来说，就会很荒唐。[1]

他说，"因为材料有限，所以，我脱离实际，使用了当代面料。比如，在《和平联姻》（Elaan of Troyius）中，塑料地垫成为新文艺复兴时期的防弹衣。为了《末日之味》（A Taste of Armageddon），我用几何花边作模板，在面料上喷涂金属色。在那一集里，我还在男装中使用了室内装饰织物。而且我总是非常仔细地观察我购买的面料的反面，因为我发现反面比正面有趣得多！"[1]

泰斯迎难而上。他创作的未来主义服装不仅有助于提高故事的

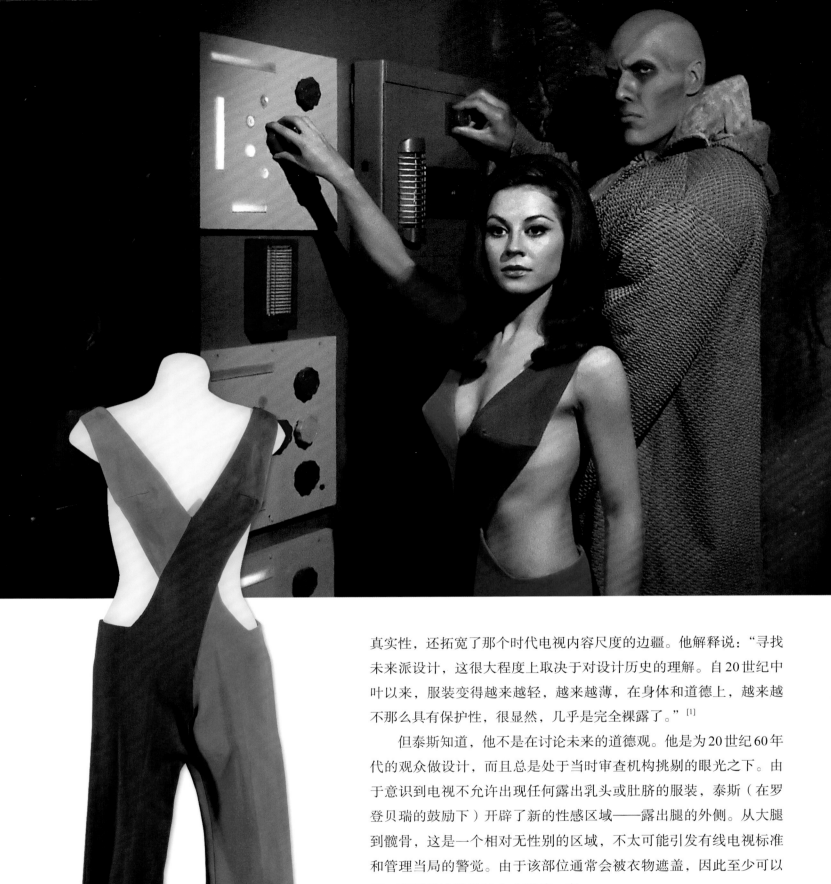

真实性，还拓宽了那个时代电视内容尺度的边疆。他解释说："寻找未来派设计，这很大程度上取决于对设计历史的理解。自20世纪中叶以来，服装变得越来越轻，越来越薄，在身体和道德上，越来越不那么具有保护性，很显然，几乎是完全裸露了。"[1]

但泰斯知道，他不是在讨论未来的道德观。他是为20世纪60年代的观众做设计，而且总是处于当时审查机构挑剔的眼光之下。由于意识到电视不允许出现任何露出乳头或肚脐的服装，泰斯（在罗登贝瑞的鼓励下）开辟了新的性感区域——露出腿的外侧。从大腿到髋骨，这是一个相对无性别的区域，不太可能引发有线电视标准和管理当局的警觉。由于该部位通常会被衣物遮盖，因此至少可以说，泰斯的这种设计令人眼前一亮。

这些出彩的服装，可以恰如其分地用"泰斯刺激理论"[2]来概括，这是作为服装设计师的泰斯提出的一个想法，它表明服装的性感程度与它的重要部分随时脱落的可能性成正比。一件安全的比基尼，即使是最漂亮的女演员来穿，虽然很吸引人，但也很普通。然而，如果比基尼看起来好像会突然滑落，让穿着者处于意外裸露的危险中，它就会变得令人兴奋。设计师知道，人们只是为了看看会发生什么就会跑来看剧的！

在有关《星际迷航》设计中，泰斯有两个名声最差的设计强调了这种刺激因素。在《机器危机》（*What Are Little Girls Made Of?*）这集中，安德里亚（雪莉·杰克逊饰）穿着一套双色调连体衣，这可能会让观众想起鲁迪·格恩里奇（Rudi Gernreich）在1964年设计的无上装泳衣——"连体比基尼"。虽然安德里亚与格恩里奇的模特不同，衣服完全遮盖了她的胸部，但这件连身衣的两侧是敞开的："V型"肩带从她的臀部向上延伸，交叉穿过她的前胸，遮住乳房，然后滑过她的肩膀，一直延伸到背部。这是怎么保持的呢？是一个小小的工程奇迹，还是现代化学在起作用？（莱卡是一种有弹性的人造材料，发明于1958年。）如果安德里亚不能完美地保持她机器人般的姿态，如果她的肩膀下垂，肩带会掉下来吗？总之，这种设计把观众给迷住了。

或者想一下卡罗琳·帕拉马斯（Carolyn Palamas）中尉（莱斯利·帕里什饰），她在《谁为神哀？》（*Who Mourns for Adonais?*）中的外貌吸引了神一样的外星人阿波罗。泰斯给她穿上一件华丽的仿希腊礼服，用柔软的粉红色雪纺绸制作，镶银色花边。飘逸的裙子暴露了大腿至髋骨区域，止于臀线。然而，最吸引人的是它的上半部分。它由一块精心装配的雪纺组成，从臀部的一边延伸，穿过并覆盖卡罗琳（Carolyn）的胸部，然后穿过另一边的肩膀，形成一条长长的粉红色雪纺绸瀑布。这件斗篷虽然很漂亮，但设计目的是通过充当重物来提供必要的工程结构，以将顶部保持在适当的位置。无论如何，平衡得如此完美，女演员不需要双面胶带就可确保原样，这才是真牛。

然而，实际上，据《谁为神哀？》中阿波罗（Apollo）扮演者迈克尔·福瑞斯特（Michael Forest）的说法，片场有很多双面胶带。"莱斯利需要它来固定她的服装，否则它就会掉下来，"他笑着回忆，"她总是让服装师进来给她重新固定衣服，这可真是件苦差事。"

虽然泰斯没有"做怪物"［创造怪物角色的任务落在了《星际迷航》的设计师/雕塑家/艺术家华昌（Wah Chang）的头上］，但他确实不得不将许多角色改造成外星人。他唯一的工具就是服装。"我从剧本开始，"他说，"希望作者创造的文明相当完整且合乎逻辑。如果不是这样，我就会完全忽略剧本，按自己的方式来。只要有可能，我不仅会与制片人和导演协调想法，还会与艺术总监、布景设计师、化妆师和发型师协调。我们越统一，剧里的文明就越生动。"

"我在《星际迷航》中遇到的问题是，如何利用一些司空见惯的东西，向现在的观众讲述'未来'风格，"泰斯解释说，"其中一些是金属织物、裸露和我称为有机曲线的风格线条，也许我应该称之为数学曲线：抛物线、双曲线，哎，管他什么东西。对我们来说，这些是未来的设计方法，就像我们最近的流线型和空间轨迹展现的遗产一样。"[1]

当然，泰斯提到"最近的遗产"，指的是20世纪60年代兴起的太空竞赛时代以及它对设计的总体影响。讽刺的是，在《星际迷航》停播几周后，人类就登上了月球。

对页上图：在《机器危机》中，漂亮的生化人安德里亚（雪莉·杰克逊饰）和不太好看的生化人鲁克（泰德·卡西迪饰）。
对页下图：正如泰斯所描述的那样，安德里亚的"裤腿变成了胸罩带"。
上图：西尔维亚（安托瓦内特·鲍尔饰）试图用她在《猫爪》中的性感打扮迷惑柯克。她的服装保存至今，如右图所示。
下图：露丝让麦考伊（*McCoy*）医生无法专心工作，从左边看，她那诱人的衣服从上到下一览无余。

对页图：女演员莱西尔·帕里什在《谁为神衰？》中为威廉·泰斯的标志性布腊长袍做模特。

左图："你是个美人，"阿波罗告诉帕拉马斯，"但和阿耳特弥斯一样，执弓臂应该是裸露的。"阿波罗心目中美好的想象，以及泰斯（小图）具有启发性的草图。

不要相信你看到的一切

  《星际迷航》最初的编剧指南是为了传达罗登贝瑞的总体愿景而创作的，除了强调服装的简洁之外，并没有暗示剧组人员会穿什么。指南指出："绝不能让工作人员把东西放进口袋。""衣服没有口袋。当星舰人员需要设备时，比如需要通信器和相位器时，可以将其粘到特殊皮带上。"[3]

  罗登贝瑞选择淡化剧组服装与20世纪军装的相似之处，指出飞船"实际上只是半军事性的，省去那些高度专制的特点，同时避免敬礼和其他烦人的中世纪遗风遗俗。"[3]

  因此，在外观上，星际舰队的官方制服明显是非军事性的：一件简单的外衣，一双靴子和紧身的黑色裤子。最初，女性也着裤装。但在该系列的试播集之后（有两个试播集，是电视台要求提供一个包含更多动作戏、稍不具知识性的故事之后才需要的），她们才改穿那些令人熟悉的超短裙。制服上唯一的军衔特点就是袖口上有类似金色的穗带。制服颜色一眼就可以看出每个人员在哪个部门工作。

  "制服是委员会设计的，"泰斯表示，"太糟糕了，因为当时'委员会'里的人并不了解我。我的直觉不像后来在节目中那样受到重视。我认为制服最大的优点是简单，这也可能是它们最大的缺点。选择这些颜色，纯粹是出于技术原因。我们试图为衬衫找到三种颜色，尽可能在黑白和彩色电视机上都有所不同。"[4]

  泰斯最终选择了蓝色（科学部）、红色（工程和舰船服务部）和绿色（指挥部）。确切地说，是酸橙绿色，不是数百万观众所认为的那种金色。泰斯解释说："这是胶片拍摄中的一种常见现象。它拍出来是焦橙色或金色的，但现实里，做给指挥部的衬衫绝对是绿色的。"

  至于制作衬衫的丝绒材料，泰斯认为，在工作室明亮的灯光下，带纹理的短绒织物会很漂亮。它确实漂亮，不过，每次清洗时，这种短绒都会有收缩的趋势。寒来暑往，男式制服的上衣越来越短。"直到第三年，我们才找到满意的替代品，真的是一种极好的替代品，"泰斯说，"这种新织物是一种双层针织的弹性尼龙，它不会像天鹅绒那样收缩，而且，它贴合人体，更平滑。令我惊讶，也让演员们高兴的是，尽管衣服重量没变，但它看起来更酷了。"

对页图：柯克身上穿的那件臭名昭著的天鹅绒上衣，多年来，它的持久力不如《星际迷航》本身。

上图：《星际迷航》第三季的宣传照，以更换过的双面针织制服为特色。

莱拉·卡洛米（LEILA KALOMI）

"吉尔·爱兰德（Jill Ireland）在《人间天堂》（*This Side of Paradise*）这集中的服饰受欢迎的程度，让我惊喜，因为这种服饰是我小时候母亲穿衣风格的翻版。这正好表明，经典永不过时！"当我第一次见到吉尔时，她有点怕我，直到后来我才发现，那是因为她看到了雪莉·杰克逊（Sherry Jackson）的服装（出自《机器危机》），她担心我会让她穿得暴露。我相信她的气质能驾驭那种服装，不过，如果有那么裸露的话，我们这集剧本就被毁了。

——威廉·韦尔·泰斯

你穿雪纺绝对不会出错

20世纪60年代的服装设计师大多会不由自主地注意到玛丽·官（Mary Quant）和伊夫·圣·洛朗（Yves St. Laurent）等人所创造的革命性作品。然而，泰斯表示，他个人最喜欢的是皮尔·卡丹（Pierre Cardin）、简·路易斯（Jean Louis）、约翰·特鲁斯科特（John Truscott）和唐纳德·布鲁克斯（Donald Brooks）的服装设计。

当问及如何定义自己的风格时，泰斯说："理想情况下，我应该是一个全面的、毫无偏见的设计师，我的服装创意应该包括所有已经做过或将要做的事情。然而，我不想因为无法实现这一形象而失眠。我很容易被生活中各种因素影响，也有自己的喜好和偏见。《星际迷航》中的服装也反映了这点。当然，至少在我看来，我的设计是有特色的。我的偏好确实会有所改变，而且我希望，将来会变得更成熟。举个例

子，就目前来说，我真的很喜欢落地长的雪纺披风、紧身短裤、高筒靴、裤腿和那些横跨身体的鲜明对角线。一年后，我希望能在一年内把其中的一半换成其他新的风格。"[1]

《星际迷航》中会经常出现雪纺披风，泰斯特别喜欢女演员安托瓦内特·鲍尔（Antoinette Bower）在《猫爪》（Catspaw）一集中穿的那件。泰斯说："设计本身没有那么不寻常，但幸运的是，我们刚好找到了那种恰如其分的、神秘的黑白印花雪纺，让我能够刻画出一个邪恶、性感、未来派的女巫。"《猫爪》的服装是第二年做成的，另一个最受欢迎的是它的直接衍生品，出现在第三年：是凯瑟琳·海斯（Kathryn Hays）在《同情心》（The Empath）这集中所穿的服装。这件服装所选的面料和刺绣珠宝，非常适合美丽、精致且脆弱的哑女。"[4]

对页图：莱拉·卡洛米土布装束补充了女演员吉尔·爱兰德的自然美，但正是奥米克龙·塞蒂三世的外星人血统让史波克爱上了她。

左下图：泰斯的纯雪纺披风有助于定义女巫西尔维亚（安托瓦内特·鲍尔饰）的个性。

右下图：雪纺斗篷也同样适用于打扮精致的杰姆（凯瑟琳·海斯饰）。

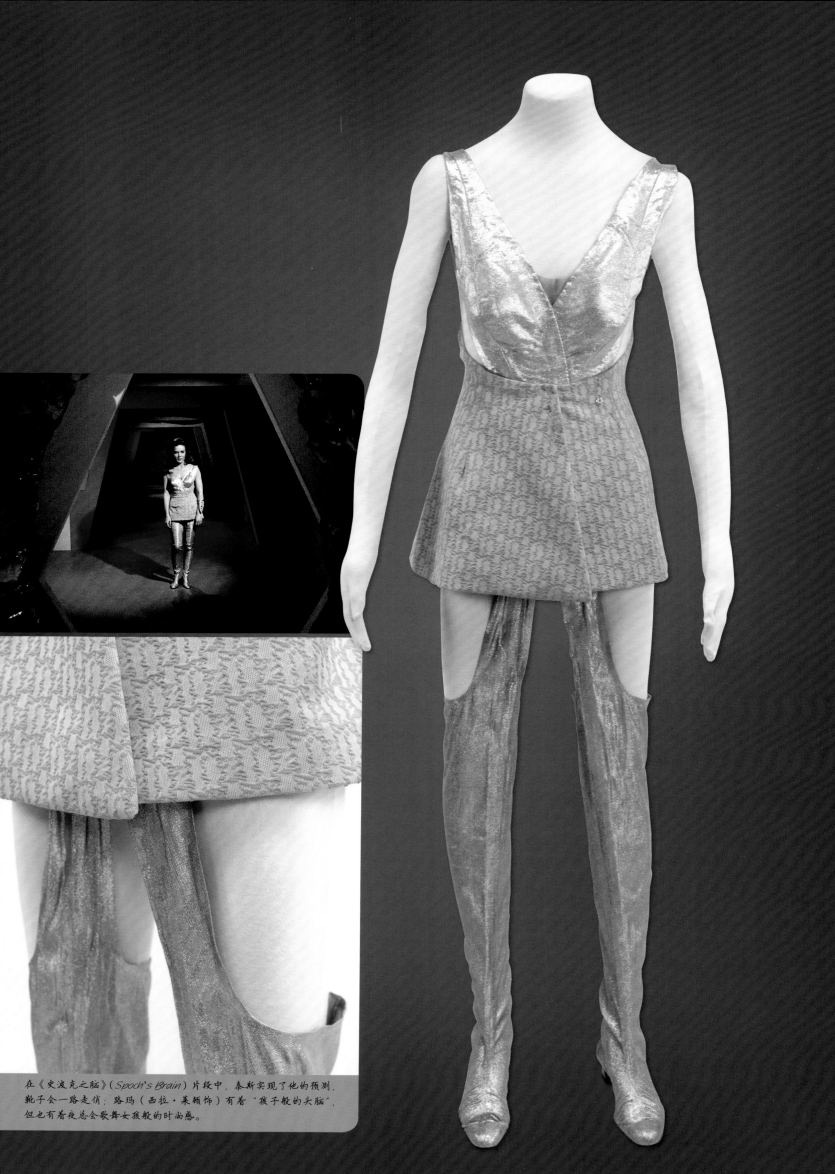

在《史波克之脑》（*Spock's Brain*）片段中，泰斯实现了他的预测，靴子会一路走俏；路玛（西拉·莱顿饰）有着"孩子般的头脑"，但也有着夜总会歌舞女孩般的时尚感。

埃琳（朱莉·纽马尔饰），卡佩拉四世蒂尔（《周五之子》）（Friday's Child）的妻子，穿着与她的身份和怀孕晚期相适应的服装。

Kara

上图（从左到右）：沙瑞克大使（马克·勒纳德饰）和柯克（威廉·夏特纳饰）在《巴别里之旅》（*Journey to Babel*）中间候泰拉瑞特人的大使加夫（约翰·惠勒饰）和他的助手，其助手与加夫穿着相似，照片上方可以看到泰斯为加夫装束绘制的概念草图。

右上图：剧集《史波克之脑》中，身着迷你裙的埃莫格领袖卡拉（玛芝·杜茜饰）在欣赏史波克的脑电波，泰斯对卡拉的设计如照片下方所示。

对页图：泰斯在《私人战争》中为诺娜（南茜·科沃克饰）设计的服装似乎影响了20世纪60年代热门摇滚夫妻组合桑尼和雪儿的表演装束。

疯狂的天才还是长期积累？

"餐巾纸和餐垫上的设计，以及餐厅和酒吧里任何方便的东西，往往是我最新鲜的灵感来源。因为这种情况下，我通常没有压力，身心愉悦。一般来说，基础设计是在放松的氛围中设计出来的。还有件事值得一提，那就是向制作人扔一张沾满污渍、撕破了的、上面有草图的垫子，而不是他所期待的那种奢华的全彩绘画。事实上，这似乎确实创造了一种疯狂天才的光环，不过，吉恩·罗登贝瑞非常了解我，不会被那个草图所愚弄，也不会被一个看似漫不经心的报告给吓倒。"

——威廉·韦尔·泰斯

Nona

原初系列——一件衬衫的故事

　　《星际迷航》的第一件制服衬衫出现在首部试播集《囚笼》（The Cage）中。它有一个卷起的针织衣领，衬衫袖口的接缝处有一个小开衩。为了节约开支，第二部试播集（《前人未至》）（Where No Man Has Gone Before）也用了同样的衬衫，但领子稍有改动，变成了扁平的。为什么要改呢？现在没有人记得原因了。每天拍摄结束后把服装送去清洗，干洗过程会对服装造成磨损，这对圆领领口造成了损害。随着两部试播集［从杰弗里·亨特（Jeffrey Hunter）担任派克舰长到威廉·夏特纳（William Shatner）担任柯克舰长］之间线索的变化，一件全新的、为机长定制的"英雄衬衫"诞生了；显然，袖口的裂缝是过渡期的"牺牲品"，没有人修改了。而在第一季的拍摄中，衣领需要修复时，通常会用不同裁剪和不同面料来更换。

　　在第一季和第二季中，衬衫的主要材料是天鹅绒，但正如泰斯说的那样，每天干洗的工作计划使他在第三季改用更坚固的双层针织材料。然而，由于该剧预算有限，只有主要演员和特邀演员才有这套新服装，配角们穿着前几季的旧衣服。

　　衬衫的徽章一目了然地展示了每个工作人员所在的部门。随着时间的推移，分配给特定角色的分区徽章有时会改变。在《囚笼》中，派克舰长和主角［马杰尔·巴雷特（Majel Barrett）饰］佩戴着指挥徽章。船上的医生和史波克（Spock）先生（伦纳德·尼莫伊饰）都佩戴着科学徽章。领航员乔塞·泰勒（Jos'e Tyler）戴着飞船上的服务徽章。第二个试播集开始制作时，一项幕后决定导致史波克和科学官奥尔登中尉都换成了指挥徽章。工程师史考特［詹姆斯·杜汉（James Doohan）饰］拿到的是科学徽章，而船上的医生和心理学家伊丽莎白·德纳（Elizabeth Dehner）似乎戴的是服务部门的徽章。

　　该系列中使用的徽章比样片中使用的徽章稍窄一些，是由一种铜—金人造革材料制成的，这种材料上有类似柚皮的图案。清洁之后，它的表面上出现了轻微的褶皱。正

因如此，大多数复制的徽章，像吉恩·罗登贝瑞的《星际迷航》纪念品公司——"林肯进取号"后来出售的那些复制品，都是用这种褶皱图案制成的。

　　袖口上的金色穗带是制服的特色之一。这让人想起了现实生活中军装上使用的"炒鸡蛋"。在1988年的一次采访中，泰斯回忆起《星际迷航：原初系列》中制服的级别设计，他说："往期节目中的表示制服级别的穗带就是定制的，参考了我们目前海军军衔。"[5]

　　一些业余服装设计师火眼金睛，发现了《星际迷航》服装中的细节。他们注意到，在该系列的第一季之后，穗带的方向发生了令人费解的变化。出现在第二季和第三季衬衫上的穗带与第一季的完全相同，但方向相反。对此变化，目前还没有找到相关解释。

　　制服的裤子是由一种最初用来做西装和燕尾服衬里的布料制成的。根据需要添加了魔术贴片，用来固定挂件设备——相位枪、通信器等。第一季中，这些道具通过魔术贴附在浅棕色麂皮腰带上。后来的几集中，人们把它们系在一条宽大的黑色皮革腰带上。

对页图：职业舞蹈家塔尼娅·莱玛尼和她的海成守护者，这是她扮演（《狼入羊圈》）卡拉所必需的配饰。

上图：泰斯喜欢改变日常材料的用途，卡拉服装上的塑料流光带也同样适用于自行车把手。

臀部不说谎

"我穿着自己的（专业的）肚皮舞服装参加了试镜。裙子有用硬币装饰的金色胸罩和一条与硬币相配的金色腰带。我的裙子和披肩的面料是用橙色的锦缎制成的。披肩系在我的肩膀上，在表演期间我会把它脱下来。

"我在试镜时遇到了比尔·泰斯，他人很好。他看中了我的才华，对我的各种想法都很支持。但他最终用塑料做出了他想要的服装。我告诉他，我想要一件披肩，以便我做动作时用它做出很多华丽的造型。他听完说：'好吧，披肩是个好主意。'但结果，他做了一件粘在我头饰上而不是系在我肩膀上的披肩。他们把它别在我的头发上。披肩是轻质塑料做的，不重，但让我头疼。他们让我在做动作时使用它，因为反射在披肩上的光线映射出了一些漂亮的颜色。

"这条裙子和披肩是一样的塑料制品。他们把它切成意大利面一样的细条，样子和夏威夷裙类似，和制作五彩纸屑用的材料相同。这条裙子系在我从卡培娇（Capezio）

买的特殊的舞蹈裤上，卡培娇是一家出售舞蹈配饰的商店。这些裤子不像普通裤子那样脆弱，而是更结实、更贴合身体。我买了条红色的。

"这个胸罩是我的，这是一件外表覆盖着一层金色弹性面料的常规胸罩。我在上面缝了一些金币，因为审查人员是不允许节目露乳沟和肚脐的，这就奇怪了，其实当时各地的女性都扔掉胸罩、穿上了比基尼。但电视节目就不允许这样，而我们的节目是一个适合全家人一起看的节目。因此，泰斯用与裙子相同的面料，把它添加到胸罩上部来遮盖乳沟。

"然后是肚脐部分。排练期间，他们尝试用不同类型的纽扣粘在我的肚脐上。不幸的是，当我跳舞出汗时，它会弹出来。最后，他们拿出一些五颜六色的布料，把它剪成一朵小花的形状，然后粘在我身上，而且效果很好。"

——塔尼娅·莱玛尼（Tanya Lemani）

阿波罗的金色短裙

"四十七年前，我们排练《谁为神哀？》时，我记得当他们告诉我要穿什么样的服装时，我笑了。我曾在大学里演过一些古希腊戏剧——《俄狄浦斯王》（Oedipus Rex）、《俄狄浦斯在科隆诺斯》（Oedipus at Colonus）和《安提戈涅》（Antigone），那时在大学里，他们就要求我自己负责服装，所以，我对这种服装很熟悉，穿起来并不麻烦。

舰长的女人

"在拍摄《镜像宇宙》（MIRROR, MIRROR）的第四天，当我醒来的时候，我喉咙发炎、发高烧。当然，我不会给工作室打电话说'嗓子疼，去不了'。我依然从床上爬起来，去了工作室。导演马克·丹尼尔斯（Marc Daniels）一看到我就说：'把她带到医务室去。'在场的医生看着我的喉咙说：'她这病传染性太强了。'接下来要拍摄的场景是我的角色玛莉娜·莫罗（Marlena Moreau）和柯克（Kirk）舰长之间的接吻场景。他们决定最好把我送回家，因为如果继续拍摄，每个人都可能会病倒，尤其是比尔·夏特纳（Bill Shatner），那他们就会不得不停止拍摄。

"他们接着拍了下一集。我因为生病瘦了一点，所以当我回去继续拍摄的时候，那场戏的服装已经不适合我了。罗登贝瑞站在摄像机旁边，他说：'不行，那套服装已经不合适了。让她脱掉吧！'

顶图：迈克尔·福里斯特饰演阿波罗。
中右图：芭芭拉·卢娜饰演玛莉娜——《镜像宇宙》中舰长的女人。
对页图：泰斯为维娜（苏珊·奥利弗饰）设计的服装，而维娜是一位早期舰长（杰弗里·亨特饰）的女人。

"然而，所需要的准备工作令我震惊。他们告诉我，必须把我胸部的毛发全部剪掉，还要在我的乳头上贴上胶带。他们说：'在电视上，我们不能让乳头露出来。'我问：'即使是男人也不可以？'他们说：'是的，不允许这样。'最奇怪的是，如果你仔细看这一集，你会发现我没有乳头。

"他们把一些双面胶带贴在我的肩膀上，就像我的搭档莱斯利·帕里什（Leslie Parrish）那样。他们还把胶带绑在我的小腿上，防止我凉鞋的带子下垂或掉落。

"我把它叫作我的金色短裙，总是拿它开玩笑。我以为我会难为情。但效果不错，人们都很善良，他们对那场表演表示肯定。我经常对他们说：'那个角色就是我转瞬即逝的明星时刻。'确实，在那之前和之后，我演出无数，也曾在百老汇和欧洲工作过。这部剧给我带来的骂名最多，但对此我依然非常感动。"

——迈克尔·福瑞斯特

"所以，比尔·泰斯的天才之处就在这里，当时他拿了什么东西，径直跑到片场，把我带到一个角落，匆忙递给我一件比基尼让我换上，然后迅速地给我披了块布料。结果，我们得到了一件仅用布料就可以制作的漂亮长袍。比尔没有使用任何胶带或其他东西，他只是把那块布料披到我肩上而已。可当我回到片场时，导演就大声喊道：'好了，我们开拍吧！'"

——芭芭拉·卢娜（Barbara Luna）

为《镜像宇宙》所制作的服装，暗示了平行宇宙中的船员们另一种享乐主义生活方式。

穿红衣服的女士

当1966年《星际迷航》首映时，观众们立即注意到尼切尔·尼科尔斯（Nichelle Nichols）饰演的乌胡拉（Uhura）中尉，她负责通信工作。有些人注意到她，可能是因为她的服装颜色鲜艳，而且很短。毕竟，那是超短裙的时代。即使在今天，泰斯设计的女装仍是人们对《星际迷航：原初系列》印象最深、最喜爱的东西之一。

有些人还想知道，为什么一名女性会被分配到联邦旗舰的舰桥上。当时可没有谁听说过一个女人能负责在星舰舰桥上这么重要的职务（毕竟，美国两年后才有妇女解放活动的第一次全国性集会）。

还有一些人因为一些其他原因注意到乌胡拉。她意志顽强、能力超群、聪明、美丽。在《哥索斯的乡绅》（The Squire of Gothos）这集中看到她时，这位名叫特赖恩（Trelane）的外星人惊呼道："她有示巴女王（the Queen of Sheba）一样的眼睛，一样可爱的肤色。"

这是另一回事，对许多观众来说，也可以说是最重要的事。当时很少有有色人种女性在电视上表演，除了通常扮演家佣的小角色。黛安·卡罗尔（Diahann Carroll）在电视剧《朱莉娅》（Julia）中扮演主角还在几年以后。但这时，尼科尔斯已经是第一位在长达一小时的电视剧中扮演主要角色的非裔美国女性。她的名字强调了她的种族：乌胡拉，源于斯瓦希里语中的词"乌胡鲁"（uhuru），意思是"自由"。

许多女性以她为榜样，这一点儿也不奇怪。尼科尔斯在《星际迷航》中的表演让未来的宇航员梅·杰米森（Mae Jemison）相信，她也可能参与太空探索。在《星际迷航》后，尼科尔斯为美国国家航空航天局工作，目的是能让少数族裔和女性人员进入航天局。她还说服了萨利·里德（Sally Ride）（第一位美国女宇航员）、吉昂·布鲁福德（Guion Bluford）（第一位非洲裔美国宇航员）和其他人报名入伍。

正如尼科尔斯本人在1987年所说："乌胡拉的性格让人钦佩。她是一个有力量、有勇气和同情心的女人。但她是女人中的女人。我的意思是，她有腿，有胸部，高颧骨，小蛮腰，别致的发型。我不认为她会因为短裙、靴子和玉耳饰而被看不起。"

左上图：乌胡拉的宣传照显示，这位通信官在《星际迷航》首部试播集《囚笼》的静物前摆姿势，但在该集里，乌胡拉其实没有戏份。

左下图：这些靴子是为"潮流"而设计的女靴，它是20世纪60年代的热门时尚，是迷你裙的完美搭档。

下面中图：乌胡拉的裙子很短，因而她的正式衣柜里有一条配套的肤色衬裤，以保护她被太空湍流抛到甲板上时仍不失风度。

上图：乌胡拉的制服上戴着与轮机长史考特相同的舰船服务徽章。

对页图：这件红色的连衣裙引发了无数青少年的幻想，还有他们对美国宇航局各种职业生涯的向往。

在《哥托斯乡绅》中，特里兰漂亮的锦缎夹克与演员威廉·坎贝尔华丽的表演相得益彰。

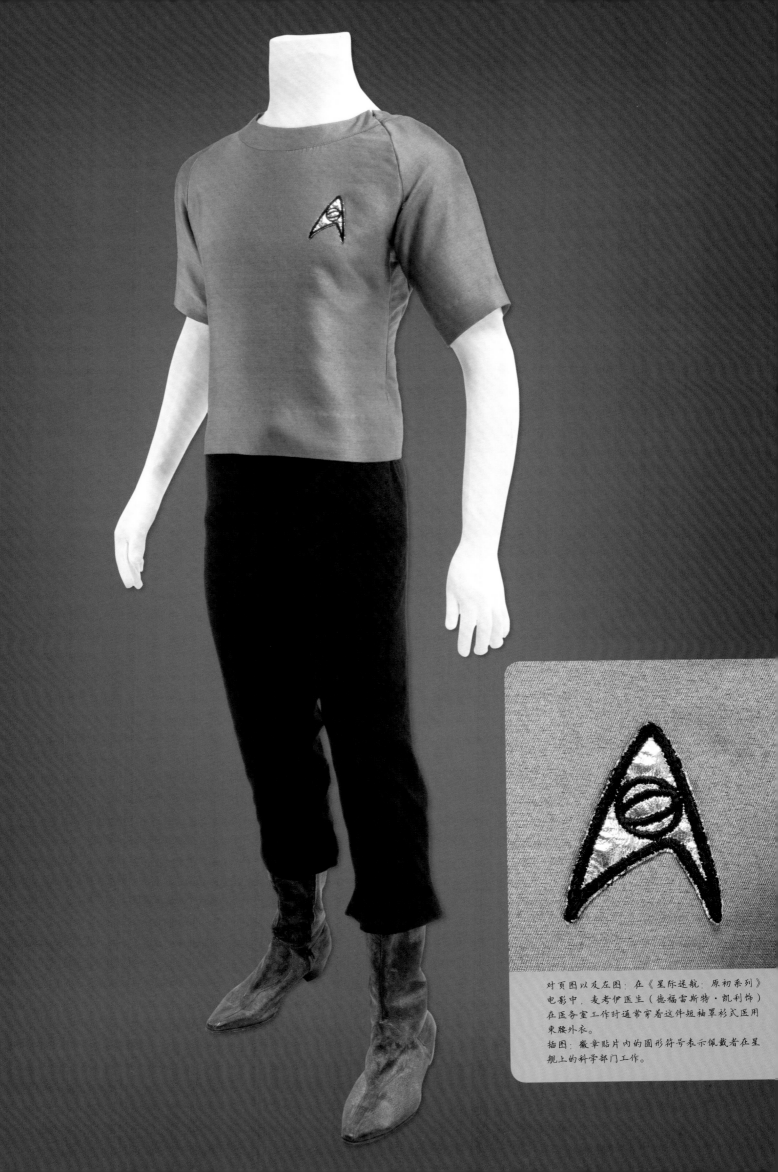

对页图以及左图：在《星际迷航：原初系列》电影中，麦考伊医生（德福雷斯特·凯利饰）在医务室工作时通常穿着这件短袖罩衫式医用束腰外衣。

插图：徽章贴片内的圆形符号表示佩戴者在星舰上的科学部门工作。

星际迷航：
原初系列电影

STAR TREK:

THE ORIGINAL MOVIES

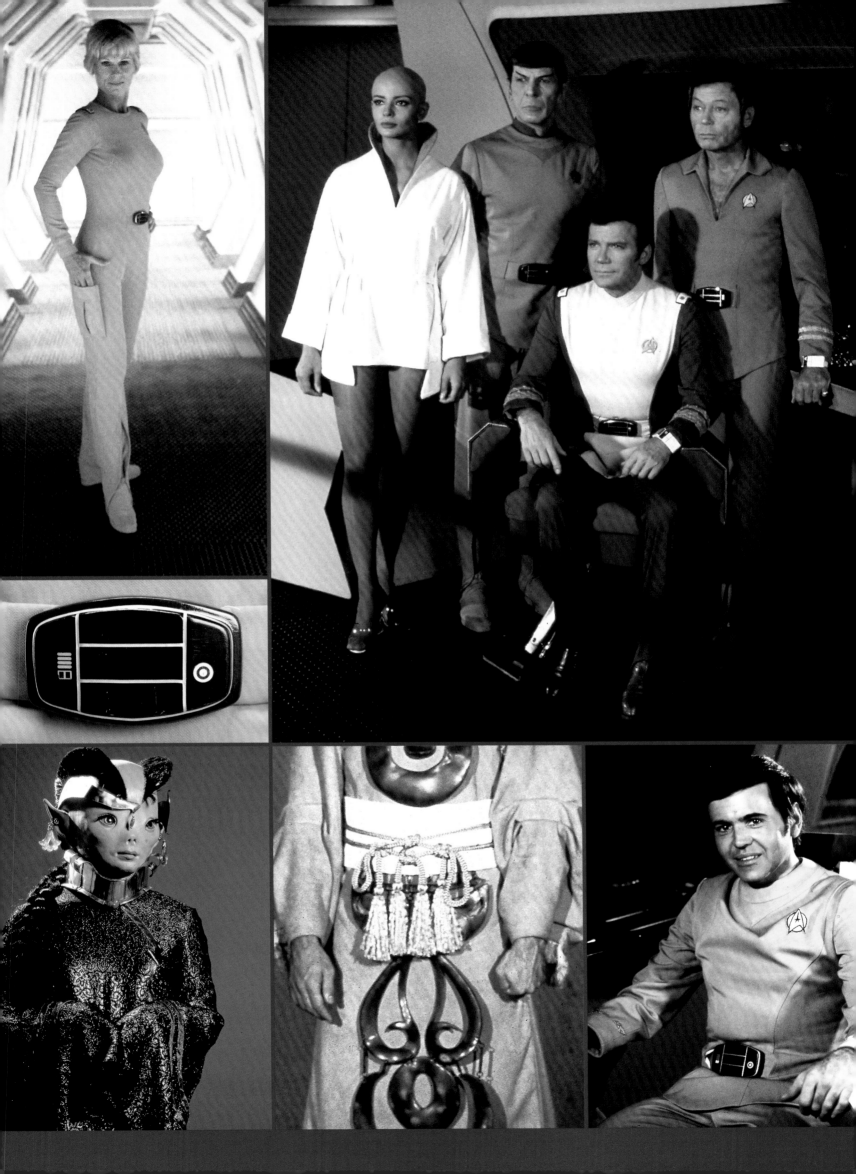

星际迷航:
无限太空

STAR TREK:
THE MOTION PICTURE

下图: 罗伯特・弗莱彻在《星际迷航: 无限太空》派拉蒙基地的工作室里。
对页图: 弗莱彻为柯克舰长(实际上是舰队司令)绘制的乙级制服草图。

1969年,美国全国广播公司(NBC)停止了《星际迷航》的播出。在那个原始的媒介时代,家庭娱乐还未普及,人们也无法随时随地上网下载片子,这意味着,被取消了的节目就是一个过气的节目。即使是最热情的节目追随者,通常也只能听天由命,过气了就是过气了。

但在《星际迷航》走向衰落的时候,发生了一件有趣的事情。它在广播联卖的作用下找到了新的生命。为了吸引年轻观众,《星际迷航》在精心挑选的时段,比如在晚餐前播出。随着79集原初剧集在关键市场反复播出,收视率不断攀升。重播让老粉丝们欣然接受,同时迷住了新的观众。《星际迷航》俱乐部开始在美国各地兴起,1972年,第一届《星际迷航》大会在纽约市举行,涌现了三千名热情的粉丝,许多人穿着自制的星际舰队制服。第二年,参加大会的人数增加了一倍。很快,《星际迷航》大会在全国各地举行。

该剧的版权持有者——派拉蒙影业公司(Paramount Pictures)的高管们注意到了这一点,许多人得出结论,可能会有足够多的观众支撑《星际迷航》成功地重新拍成电视系列。然而,在好莱坞,任何事情都进展缓慢。在派拉蒙影业公司为该剧重返电视台打下基础的同时,一部名为《星球大战》(Star Wars)的电影上映了,永久性地改变了人们对科幻电影前景的期望。

派拉蒙影业公司的高管们突然决定,《星际迷航》的复兴之路应该通向大银幕。他们放弃了《星际迷航: 第二阶段》新系列的计划,为最终命名为《星际迷航: 无限太空》的电影开了绿灯。

他们所要做的就是再次在渺茫的机会中寻找希望。

* * *

如何重新创造传奇?

这就是在《星际迷航》第一部故事片中,罗伯特・弗莱彻作为服装设计师所面临的挑战。在接到导演罗伯特・怀斯(Robert Wise)的电话之前,弗莱彻的名声与百老汇有着紧密的联系。他曾担任演员、制片人、艺术总监、布景设计师和服装设计师,同时为二十多部戏剧和音乐剧做出了贡献,包括《一步登天》(How to Succeed in Business Without Really Trying)、《快乐行走》(Walking Happy)、《圣女贞德》(Saint Joan)和《李尔王》(King Lear)[弗莱彻不仅为其设计了服装,还扮演了埃德加,和李尔王的扮演者奥森・威尔斯(Orson Welles)演对手戏]。

尽管弗莱彻只有一部电影值得称赞[大约十年前,山姆・佩金帕(Sam Peckinpah)的《牛郎血泪美人恩》(The Ballad of Cable

Bill Shatner
as

CAPT.
KIRK

CLASS B
UNIFORM

STAR TREK
"THE MOTION PICTURE"

R. Fletcher

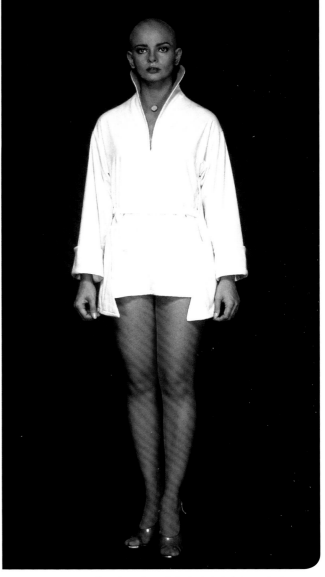

Hogue)], 但他还是迫不及待地响应怀斯的号召, 开始前往西海岸参与制作《星际迷航: 无限太空》。1980年[7], 他表示: "这无论在规模上和难度上都是一个挑战。"他发现自己在不到十个月的时间里创作了700多件服装, 并精心安排了200名布料工、裁剪工、裁缝、造型师、鞋匠和助理的工作。

要更新威廉·韦尔·泰斯设计的标志性舰队制服, 对弗莱彻来说, 就是最大的挑战。他指出[7]: "这些服装必须参考原来的样式, 但又要完全不同。从视觉角度来看, 在制作过程中没有人对旧制服真正满意, 都认为它们很没有说服力, 且不实用。大家一致认为, 新制服得更合乎逻辑, 要给人一种现实感, 能够让人有效地生活和工作。旧系列有太多粗制滥造的外观, 新的《星际迷航》将包含更多科学的'现实'而非科幻小说般的表象。"[8]

"服装必须看起来未来化, 但不要过于奢华来引起人们的注意,"弗莱彻说, "为一位什么外星王子做一件华丽的服装, 要比小心翼翼不去冒犯原初系列的热衷粉容易得多。我很清楚, 一些狂热的粉丝可能会抵制变革。"[7]

彼时, 泰斯正忙于拍摄另一部电影, 即使他能够接受这项任务, 变化也是不可避免的。《星际迷航: 原初系列》中标志性的艳丽色彩, 构成了20世纪60年代电视的完美调色板。"彩色电视是最近发明的,"弗莱彻解释说, "所有的电视台都希望用他们的钱得到尽可能多的颜色。"然而, 导演罗伯特·怀斯发现, 银幕上变幻的绚丽色彩让人讨厌。他想专注于角色的面部表情和内在情感。因此, 电影制作人选择了70年代后期的浅蓝灰、米色和棕色作为新制服的主色调, 而在重新设计的部门徽章上, 过去的痕迹以不同颜色保留下来。

对页图及上图: 伊莱亚高领束腰外衣的简单线条与女演员佩西斯·坎巴塔制光头的平滑轮廓形成了完美的构架。
左上图: 伊莱亚身着标准的工作服
右上图: 弗莱彻为伊莱亚的甲级制服所画的草图。

在电视剧中，进取号的船员戴着箭头状的徽章（有些人称为"三角盾"）。这些徽章包含了一个符号，代表船员所在的部门。但在电影中，制服徽章的形状变成了一个圆圈，三角盾的轮廓叠加在圆圈上。圆圈的颜色代表每个船员的服务区域：白色表示指挥，红色表示工程，绿色表示医疗，橙色表示科学，灰色表示安保，浅金色表示操作。[9]

弗莱彻还引进了甲级和乙级制服的概念，类似于真正的军事组织的制服。弗莱彻说："甲级制服的基础束腰外衣改自男士的晚礼服衬衫。"弗莱彻补充说，只有在正式场合和星际舰队总部才穿甲级制服。乙级制服模仿了体恤衫，但更为宽松，相当于军队制服。[7]

弗莱彻认为华达呢材质垂感好，而且线条流畅，所以在大部分制服中使用华达呢。他也使用了类似生丝和羊毛与橡胶混合的面料。[10]

弗莱彻想创造出一种当地服装店找不到的未来派风格，于是他给了工作人员一条臭名昭著的连体裤和靴子，他指出："这种连体裤和靴子很难买到。裤子一直延伸到脚部，生产难度很大，成本也很高。这条裤子是派拉蒙影业公司生产的。鞋底敞开着，由一家意大利靴子制造商在场外和裤子进行一体化安装。"但即使有明确的指示，偶尔也会出现错误。当靴子制造商混淆了马杰尔·巴雷特和尼舍尔·尼科尔斯的名字和尺寸信息时，"他们就需要扔掉重做。"弗莱彻表示。[7]

总而言之，弗莱彻指出，尽管他发现与之前做过的所有事情非常不同，他还是对自己的第一次《星际迷航》体验感到满意。他将重新回归，为接下来的三部《星际迷航》电影开发服装。

"我从未想过制作未来派服装，"弗莱彻说，"我只是做了一些看起来高效、实用、真实的衣服，这有可能是从我们今天穿的衣服演变而来的。我对未来这个概念没有什么想法。我认为我读过的大多数关于未来的想法都是完全错误的。吉恩认为，人们会重新排列分子来制造衣服。我们把一件东西放进一个插槽里，洗个澡，你的衣服就制作完成了。我的意思是……嗯，可能吧。"[7]

在1987年首次亮相的《星际迷航：下一代》中，导演吉恩·罗登贝瑞在继续创作的同时，他的"分子"概念得到进一步推进。那个电视剧的"复制机"不仅可以制作服装，还可以制作武器、机器零件、家具、晚餐等。

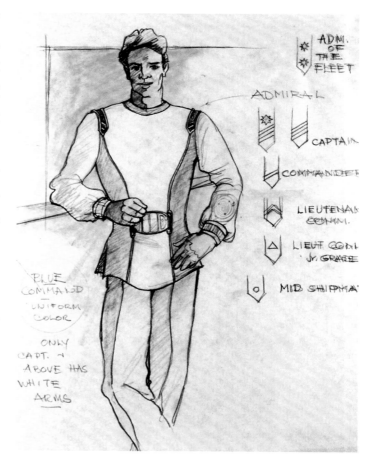

对页图：《星际迷航：无限太空》里，史波克身着带有推进器的航天服，这是几十年来《星际迷航》中出现的众多太空服的迭代之一。
上图：舰长柯克的甲级制服；请注意，弗莱彻已经开始定义等级区分的视觉线索了。

Megarites
C. Fletcher 79

关于克林贡人、马格里特人和优雅的瓦肯人

　　与非常节俭的原初系列相比，增加的电影预算为制片人提供了一个机会，可以展示在星际舰队和联邦中服役的各种非人类。罗伯特·弗莱彻是一名公认的科幻迷，他和长期担任《星际迷航》化妆师的弗雷德·菲利普斯（Fred Phillips）一起创作了各种各样的外星人群演。在吉恩·罗登贝瑞的批准下，弗莱彻不仅为他创造的人物命名，还为每个人物都设计了完整的背景。

　　"外星人只是电影中很小的一部分，"弗莱彻解释说，"但我从中得到了乐趣。我在脑海中为他们每个人都形成了一个文化概念。例如，一个扎兰人（Zaranite）有一个特殊的呼吸器，因为他不能自主地呼吸氧气。他的衣服就是为适应这种情况而设计的。伊莱娅（Ilia）服装上的项圈是专门设计的，用来吸引人们注意她脖子上不断脱落的纽扣，也用来框住她的秃头。"[7]

　　"我和瓦肯人玩得很开心，祭司们都很优雅！"弗莱彻给他们披上了暗色系的雪纺，穿在华丽的内衣外面。

　　他给每个瓦肯人一个"个人符号或咒语"，也就是一个

对页图：罗伯特·弗莱彻为马格里特人（外星人）设计成多个嘴唇，想象力非常丰富。

上图：弗莱彻为电影《星际迷航：无限太空》中的瓦肯人制作了精美的服装。

右图：弗莱彻最初的概念是要求瓦肯女祭司戴一个有角的头饰；然而，这个配件直到《星际迷航三：石破天惊》时才出现在屏幕上。

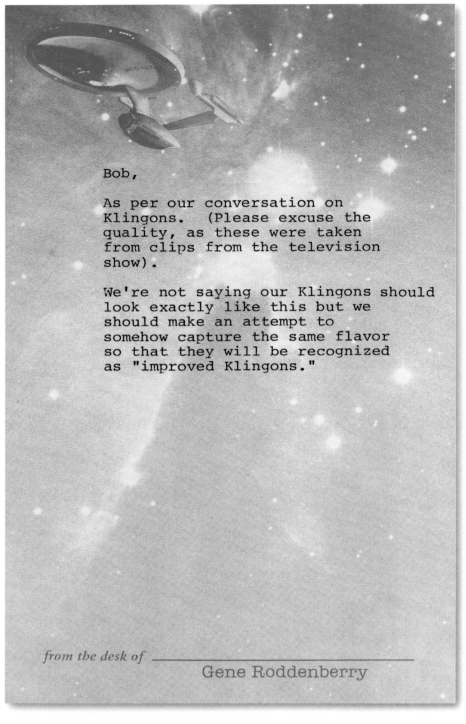

Bob,

As per our conversation on Klingons. (Please excuse the quality, as these were taken from clips from the television show).

We're not saying our Klingons should look exactly like this but we should make an attempt to somehow capture the same flavor so that they will be recognized as "improved Klingons."

from the desk of _____
Gene Roddenberry

印在服装上的标签状火山文字，这些火山文字可以让其他瓦肯人知晓此人所达到的启蒙级别。其中一位瓦肯女祭司有一个用实心月光石制成的角状头饰。[10]

除了提供外星人的草图，弗莱彻还提供了描述说明。他认为克林贡人"好战。他们的脊柱从头顶向上，再从前额向下，边上的头发似乎要努力盖过脊柱。"他将银粉混合到克林贡人的服装面料中，还使用染色的外科导管和液体塑料为盔甲做出闪亮的衣边。[7]弗莱彻从罗伯特·怀斯那里得到的信息是，让这个物种看起来比原先电视节目中的同类更具侵略性、更没有人情味。然而，正如吉恩·罗登贝瑞在给弗莱彻的一份说明中所阐明的那样，新的克林贡人至少应该与原先节目中的同类有一些相似之处。

和他创造的大多数外星人一样，弗莱彻为克林贡人的外表想出了一个内在原理。"我真的认为，克林贡人在联邦星际战队打交道的过程中，从来不出色，他们可能只是在

试图改善自己的种族，"他表示，"你知道的——就是培育出一个更强大的勇士品牌。"[8]这个物种的形象转变，将影响到《星际迷航》系列中所有后续版本中的克林贡人。

在创作电视连续剧中从未出现过的外星人时，罗登贝瑞允许弗莱彻自由发挥想象力，比如"马格里特人"（Megarites）。"它很像人，但它的身体构造和犀牛皮很相似，"弗莱彻写道，"四瓣嘴唇，有和鲸鱼嘴里的鲸须相似的过滤机制……是富有诗意的人，用歌声般的声音交流。这个星球的大部分都是由玉石构成的……"弗莱彻指出，马格里特人中的关键人物应该戴上手镯，这些手镯由塑料制成，但看起来像石墨钢材质——在马格里特人的母星上，这种物质显然非常丰富。弗莱彻用毛毡和树脂组合，设计了他们巨石衣领上的"玉"牌。他还用一层泡沫橡胶将风帽衬在衣领上，以增加服装的整体感，创造出更具雕塑感的效果。[7]

哈姆雷特拜访进取号

罗伯特·弗莱彻特别喜欢他为电影创作的一件服装：史波克的黑色天鹅绒冥想长袍。"这是瓦肯平民服装，"设计师解释说，"在我的概念中，史波克来到进取号（看上去）有点像哈姆雷特——黑暗而悲惨。第一张草图里，这件衣服是淡紫色的。然后我读到了第一张草图完成后还没有写好的场景。我突然悟到，'不行，衣服应该是黑色的。'于是我把淡紫色改成了黑色。"[7]

"人们总是问我，史波克那件黑色天鹅绒家族服前面的文字象征着什么。"弗莱彻谈到他发明的装饰性文字时说。事实上，就像他为第一部电影中其他几个瓦肯人服装上做的"个人符号"一样，他从来没有赋予形状任何意义。"我能说的是，它与汉语非常像，没有音节，这些不同形状包含了一个完整的想法；你不用这些符号来制造词语。"[11]

在《星际迷航二：可汗之怒》（*Stat Trek Ⅱ：The Wrath of Khan*）中，当柯克拜访史波克时，这件长袍短暂地再次出现。

三部曲
THE TRILOGY

"**我**一直把这三部电影看作是一部三幕剧。"哈夫·贝内特（Harve Bennett）说。

你也许会说贝内特是这方面的权威。他制作了《星际迷航二：可汗之怒》[并认为杰克·B.索沃德（Jack B. Sowards）共同创作了电影故事]、《星际迷航三：石破天惊》（他写的）、《星际迷航四：抢救未来》[他与伦纳德·尼莫伊共同写了这个故事，与尼古拉斯·迈耶（Nicholas Meyer）、史蒂夫·米尔森（Steve Meerson）和彼得·克里克斯（Peter Krikes）共同撰写剧本]。贝内特负责为派拉蒙影业公司的卖座大片《星际迷航：无限太空》制作一部动作片续集，他首先想到了一个可能是整个系列电影结局的想法：杀死心爱的史波克先生。这一情节的动机是演员伦纳德·尼莫伊明确表示要"不想演了"。但贝内特设法将故事拓展为一个激动人心的复活与重聚的传奇故事。当电影制作人准备拍摄死亡的场景时，尼莫伊已经想到他可能会回来。因此，他们迅速加了一个镜头，正如贝内特所说，这个镜头为他在未来电影中的回归埋下了伏笔。

在《星际迷航二：可汗之怒》创票房纪录后，派拉蒙影业公司的高管们立即与贝内特取得了联系，并让他开始拍摄下一部电影。贝内特为《星际迷航三：石破天惊》写了最后一幕。他说："我很清楚这部电影的结局是怎样的，史波克恢复了原貌，我们还有很多后续的事情要处理。从那时起，我就开始把这部电影看作是一部三幕剧。"

牺牲和救赎的主题在三部剧中都引发了共鸣。史波克牺牲了自己，以拯救进取号的船员，而舰长柯克牺牲进取号来救史波克。最终，船员们返回家园拯救地球。一切都很完美，尤其在情感上，满足了世界各地的观众。由于这三部电影情境交融，很多细节都无可挑剔。这无疑让设计师们的工作更加轻松了。由罗伯特·弗莱彻专为《星际迷航二：可汗之怒》设计新的星际舰队制服，全程用在三幕剧中，在舰桥工作的队员的大部分新民用服也是如此。老朋友、外星人、道具和珠宝与剧组一起，度过了一次难忘的电影之旅，而且，这一旅程将再持续到下一个四年。

上图：制片人哈夫·贝内特（《星际迷航五：终极先锋》中扮演"舰队司令鲍勃"）在电影中融入了相关的人文元素，人们都说他是"拯救《星际迷航》的人"。

对页图：弗莱彻为《星际迷航二：可汗之怒》舰长史波克重新设计的制服。

下图：《星际迷航二：可汗之怒》史波克制服的细节。

星际迷航二:
可汗之怒

STAR TREK Ⅱ:
THE WRATH OF KHAN

对页图:可汗的(里卡多·蒙特尔班饰)户外
装备,适合面对塞蒂·阿尔法四号(没有技术
基础设施的星球)的极端气候。
上图:弗莱彻为进取号舰船的男性和女性船员
进行重新设计。

重新开始。

放弃之前做的,重新开始!有些服装设计师会因为听到这样的指示而泄气,但罗伯特·弗莱彻明白制片人为什么给出这种指示。

《星际迷航:无限太空》的票房很好。但是弗莱彻特意把星际舰队制服设计得与电视节目中原先的制服不同,所有人都对此不满。正准备《星际迷航二:可汗之怒》的电影制作人对此不满;即将回归的演员也不满;《星际迷航》的粉丝们更是不满,他们将哑光的颜色和连体裤鞋设计比作儿童的连体睡衣。一些影评人指出,制服是电影本身的隐喻,称它们平淡且乏味,甚至更糟。

幸运的是,弗莱彻没有把批评当真。"我不怪他们,"他在2002年回顾说,"我自己也不太喜欢(这些制服)!"[11]

《星际迷航》第二部电影的导演尼古拉斯·迈耶和制片人罗伯特·萨林(Robert Sallin)希望弗莱彻继续留在团队中。迈耶建议弗莱彻考虑海军题材,从好莱坞电影的宁静光环来看,这是经典的航海主题。

迈耶回忆说:"我说我真的想把(星际迷航)里的航海类比延伸一下。它应该像外太空里的《古堡藏龙》(The Prinsoner of Zendar)和《士海蛟龙》(Captain Horatio Hornblower)。我让片场的每个人都看电影版《士海蛟龙》中的主角"霍恩布洛尔"(Hornblower)。这十分有趣,因为当我第一次和比尔·夏特纳谈论这件事时,他说:'这也是吉恩·罗登贝瑞对《星际迷航》的最初印象。'"[12]

航海主题很适合弗莱彻。"上一部电影中的制服不够军事化,不适合我,"他说。"罗登贝瑞一直辩称,联邦不是一个军事组织。然而,船员行事方式却总是像一个军事组织。他们有军衔,有军事礼节,而且,柯克肯定是飞船上的指挥官。"[13]

于是弗莱彻开始画草图:"我一直习惯用一种几乎自动的绘图方法,"他说,"我经常涂鸦,从中产生灵感。然后,我将自己发现的视觉效果与其他因素联系起来,并制订出一个方案。"[11]

迈耶坚持海军主题,要求军服显示明显的军衔区别。所以弗莱彻设计了"一种复杂的划分和等级安排,通过袖子上的穗带来表现,"他回忆道,"我开始安排,并为服装部和其他感兴趣的人也制作了相关的手册。"[11]

这个手册是一份吸引人的档案文件。包括有关部门的颜色信息、臂章和肩带的描述、军衔标志、胸章、皮带扣、徽章和裤子侧面条纹的标准。

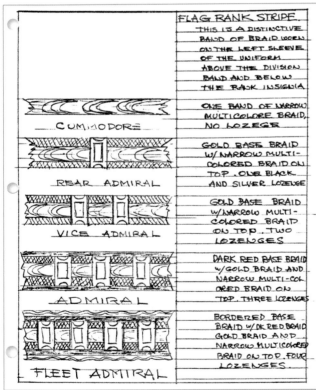

FLAG RANK STRIPE.
THIS IS A DISTINCTIVE BAND OF BRAID WORN ON THE LEFT SLEEVE OF THE UNIFORM ABOVE THE DIVISION BAND AND BELOW THE RANK INSIGNIA
CUMMODORE — ONE BAND OF NARROW MULTICOLORE BRAID, NO LOZEGE
REAR ADMIRAL — GOLD BASE BRAID W/ NARROW MULTI-COLORED BRAID ON TOP. ONE BLACK AND SILVER LOZENGE
VICE ADMIRAL — GOLD BASE BRAID W/ NARROW MULTI-COLORED BRAID ON TOP. TWO LOZENGES
ADMIRAL — DARK RED BASE BRAID W/ GOLD BRAID AND NARROW MULTI-COLORED BRAID ON TOP. THREE LOZENGES
FLEET ADMIRAL — BORDERED BASE BRAID W/ DK RED BRAID GOLD BRAID AND NARROW MULTICOLORED BRAID ON TOP. FOUR LOZENGES.

顶图：麦考伊的便装显"年轻"。
上图：费莱彻所作的星际舰队服装指南中的一页。
对页图：史考特的工服是设计师为第一部电影创作的服装，是为数不多的在第二部电影中再次出现的服装。插图是费莱彻画的服装草图。

弗莱彻承认，当制片人罗伯特·萨林告诉他，根据现场情况，双排扣夹克上的襟翼应分为开襟式和合襟式两种时，他陷入了困境。问题是：该使用哪种纽扣呢？他最开始用普通的搭扣来保证它的安全，非常缺乏未来感。"但最终我发现了这条看起来不同寻常的纯银项链，"他说，"我买了一卷，用一些普通的按扣把它缝起来，让它有一种磁性闭合的感觉。"[11]

与第一部电影一样，弗莱彻在制服上打造了许多变化，因此演员们可以根据不同的情况穿着略有不同。"在任何一种军事组织中，都不会只有一套制服，这是很正常的，"弗莱彻解释说，"您可以将它们用于一天中的特定任务和特定时间。可以用于正式和非正式场合，也可以用于战斗。上尉的衣服通常变化最多。"[11]

弗莱彻还为柯克和麦考伊〔德福雷斯特·凯利饰（DeForest Kelley）〕设计了便装，当医生在他旧金山的公寓看望这位舰队司令时就可以看到。"我试图在他们的衣服上展示人物的个性，"他说，"麦考伊有一件衬衫，一条非常复杂的裤子，裤子上镶嵌着各种颜色的嵌板"这表明，与大多数同龄人相比，他更喜欢穿年轻时尚的衣服。柯克是"一个喜欢奢侈品、自我感很强的人。他喜欢艳丽优雅的衣服。柯克的衬衫袖口和衬衫正面都有装饰图案。"[13]

特拉普托（Trapunto）是一种古老的（14世纪）制作衍缝设计的方法。服装界人士通过几层织物和填料缝出一行行线，勾勒出理想的设计。然后，通过仔细分离背衬织物的单个线，在线之间巧妙地插入一些额外的填料，以体现高浮雕设计。这是弗莱彻为《星际迷航》电影设计的标志性元素，同时也是个艰难的过程。

还有可汗·努尼恩·辛格（Khan Noonien Singh），他的服装挂在"时装"部对面的尽头，与那些受军队影响的整洁制服及优雅的休闲服装不同，也与各色时装相去甚远。在《星际迷航：原初系列》的《太空种子》（Space Seeds）这一集中，可汗首次出现在观众眼前。在迭代的不同版本中，在外表和举止上，演员里卡多·蒙塔尔班（Ricardo Montalban）扮演的可汗傲慢自负，近乎贵族化。但是在《星际迷航二：可汗之怒》中，从柯克与他打交道开始，可汗的境况发生了巨大变化。他的服饰也反映了这一点。"我对可汗的设计是要表达这样一个事实，（他和他的追随者）被困在一个没有技术基础设施的星球（塞蒂·阿尔法五号）（Ceti Alpha V）上，"弗莱彻说，"所以他们不得不从他们的飞船上拆卸载一些东西来为他们所用。我试着让他们看上去像穿戴了组装船上的室内装潢和电气设备上的零部件一样。"[11]弗莱彻向制片人建议，像大多数的"原始"社会，"人们也会希望有些饰品。为了消磨时间，他们用飞船的碎片为自己制作腰带、项链、臂章等。事实上，我们确实利用了电路、线路和一些拆掉了的机器。"[13]

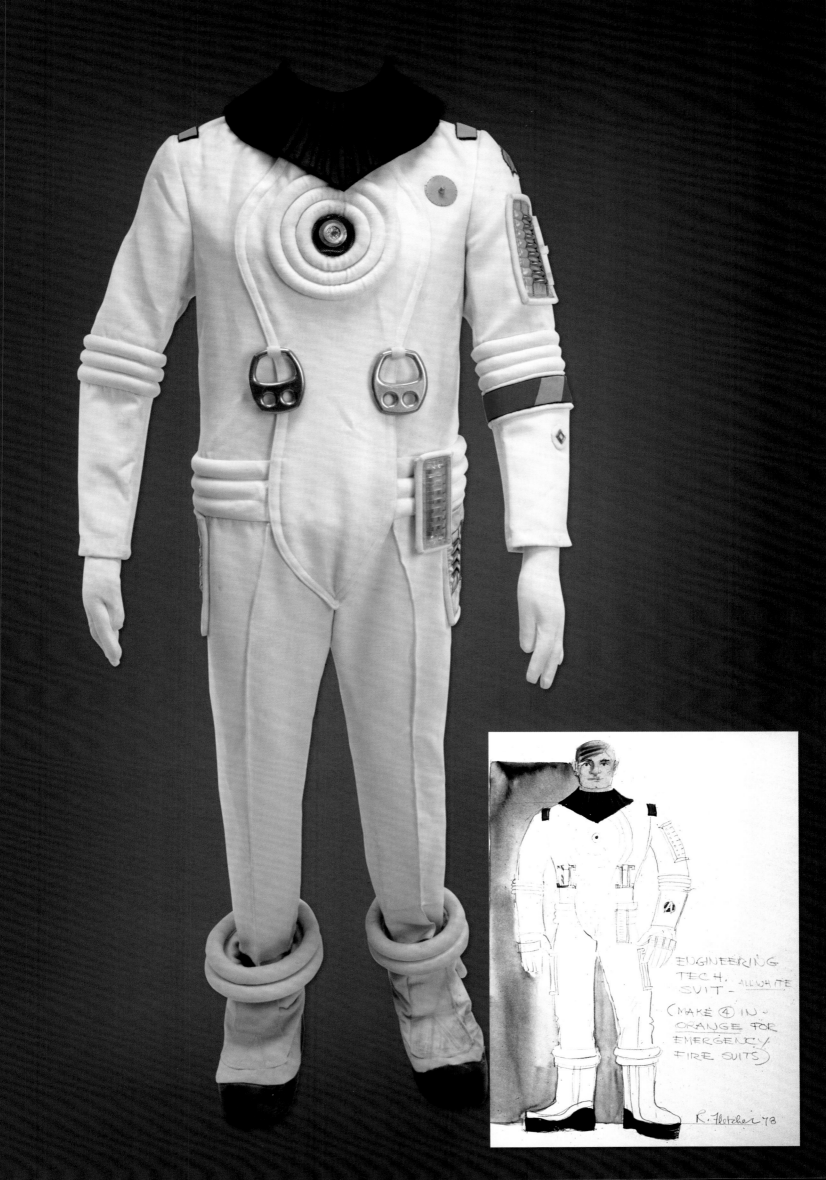

ENGINEERING
TECH. ALL WHITE
SUIT -

(MAKE ④ IN
ORANGE FOR
EMERGENCY/
FIRE SUITS)

R. Fletcher '73

对页图：很明显，可汗是一位信奉每一块垃圾都可以回收使用的人。

右图：幸存者的手套：很难组装，但看起来很酷。

最右边的图：这是可汗的得力助手约阿希姆的早期服装草图。

右下图：可汗的一件工业风首饰，它由回收垃圾衍生而来，非常迷人。

可汗在电影中的盛大出场发生在一场猛烈的沙尘暴中。在这组镜头中，他和他的追随者们穿着那些用破布拼凑起来的衣服。"当时的星球非常不适宜居住，他们必须保护自己，"弗莱彻说，"看起来像阿拉伯游牧民族'贝都因人'（Bedouin）的样子。如果你没有别的东西，但是可以接触到一些从卧室或其他地方撕下来的布料，那么你就把自己裹起来，保护自己免受沙尘暴的侵袭。"[11] 他们的手套是由乙烯基和室内装饰材料制成的，用热熨斗熔合在一起，并与打捞中发现的废料和漂流物编织在一起。"那些手套真是太难制作了，"弗莱彻评论道，"但我为它们呈现出来的效果感到骄傲。"[13]

然而，一旦进入室内，远离了恶劣天气，可汗会裸露他的上半身，特别是他的手臂和令人印象深刻的胸肌。弗莱彻的灵感来自他对演员的观察。"我们想展示里卡多·蒙塔尔班的体格，"弗莱彻承认，"他对此颇感自豪，好像他本来就是这样的，其实这是一种戏剧化了的姿态。"

这一次，弗莱彻设计的服装大受欢迎，尤其是新制服。在另外五部电影中，深红色的服装仍然是《星际迷航：进取号》原班人马的标准穿着，一直到他们在《星际迷航：斗转星移》（Star Trek Generatioins）中的最后一次亮相。

对页图：可汗独特夹克的后视图。

左图和上图：特瑞尔（保罗·温菲尔德饰）和契科夫（沃尔特·科尼格饰）穿着他们的太空服，不幸的是，他们的太空服无法保护自己免受塞蒂·阿尔法五号上神经端虫的困扰。

没有比演艺业更好的事业了

为了打造《星际迷航二：可汗之怒》中塞蒂·阿尔法五号（Ceti Alpha V）的场景，派拉蒙的八号摄影棚里，覆盖着数吨的沙子和大量的泥土（特效人员经常使用的粉状黏土材料）。当导演尼古拉斯·迈耶喊"开机！"时，巨大的鼓风机和烟雾机将颗粒物卷起，形成了可怕而又真实的沙尘暴场景。

在拍摄这些场景时，整个制作团队被迫穿上防护服，戴上面具和护目镜。契科夫（沃尔特·科尼格饰）和特瑞尔舰长（保罗·温菲尔德饰）站在这场沙尘暴中，穿着罗伯特·弗莱彻设计的特殊星际舰队大气防护服，戴着面罩

头盔，仔细倾听迈耶的指令。每个演员都有两个麦克风，一个用来对台词，另一个用来与导演或其他人交谈。

"衣服很重，"沃尔特·科尼格（Walter Koening）在拍摄过程中回忆道："我们肩上和背上用来支撑头盔的装置也很重。但最令人不安的问题是头盔。它没有任何通风措施，一旦打开，就有四五分钟的空气进来。拍摄间隔期间，会有人在头盔下塞一根空气软管，给头盔注入新鲜空气。如果因为缺氧而头晕发作，我们会不断敲击头盔，希望有人能明白我们遇到麻烦了。一旦拍摄暂停，即使只有几分钟时间，我也总是要求摘下头盔和它的支架。"[13]

传奇的诞生：栗色制服

　　"我们为《星际迷航二：可汗之怒》做的第一件事是：重新设计所有服装。我知道，把所有的衣服都重新做一遍，我们可负担不起。所以我让鲍勃·弗莱彻做了一些染色测试，看看《星际迷航：无限太空》中的制服会是什么颜色。结果我们选择了三种颜色：金色、蓝灰色和最终选定的葡萄酒红色。弗莱彻是一个很有天赋的人，他加了一些东西，也改了一些内容，包括贴合度。他说：'是的，可以松开这个，放下那个……'我建议把裤子扎起来，再加上条纹。这样，我们就能够修改并重复使用之前为学员准备的大部分制服了。

　　"当然，军官的制服不是这样的。它们都是从零开始制作的。这源于（导演）尼克·迈耶从电影《古堡藏龙》和《士海蛟龙》那里获得的灵感。我认为这是个好主意。除了三个主要的不同之外，它们荧屏上的样式与最初的设计几乎没变。它本来有黑色立领，我说：'它看起来会像西点军校校服或贝弗利山酒店的门童穿的制服。'所以我建议去掉领子，做一个圆领，然后（在里面）配高领毛衣。然后，鲍勃·弗莱彻说：'我们要用提花垫纬凸纹布把它缝起来，这是特拉普托——一种垂直纾缝的样式。'我说：'把高领毛衣和所有部门的颜色都配好吧。'鲍勃说：'好主意！我还要把这种样式加在肩带上。'

　　"我认为，在整个画面中，每个人都要拉上拉链的话，看起来会非常单调。我们重新设计了可以打开的翻领或襟

对页图一左一右：弗莱彻对《星际迷航：无限太空》里"睡衣"样式的制服进行了巧妙的修改。
左上图：一件夹克，两种造型：麦考伊打开了制服夹克的门襟，非常放松。
上图：与此同时，萨维可（柯斯迪·艾蕾饰）已经系好带扣，准备行动了。

翼。并在脸部附近用浅色，因为这将有助于更好地勾勒人脸，并给设计增加一点'冲击力'。

　　"还有最后一个小的调整：现在袖子低处的小袖带原来是高一点的，这是为了区别于第二次世界大战时期的德国制服，我认为它是一个潜在的负面因素，所以重新做了调整。"[12]
　　——罗伯特·萨林，《星际迷航二：可汗之怒》制片人

"破损的"颜色

罗伯特·弗莱彻备受喜爱的制服设计被一些《星际迷航》粉丝称为"怪物栗色",主要是因为业余服装爱好者在科幻大会和其他角色扮演活动中很难配色。

这个问题不难理解。正如弗莱彻在1982年解释的那样:"我为电影设计的颜色是我所说的那种受损的颜色——比纯色要暗淡一层。红色夹克制服不是那种正红,比如,柯克的民用衬衫,在他位于旧金山的住所的场景中,是一种灰绿色。而史波克的瓦肯长袍也不是纯正的黑。总之,一切颜色都比纯色要'暗淡'些,比如褐红色、棕绿色、紫黑色。它们不是如今你看到的颜色,所以,那些颜色会以一种微妙的方式,暗示出另一个时代。"[13]

就叫他袋鼠队长吧……

在《星际迷航:无限太空》的一场戏里,外遣队全员配备了野战夹克,他们终于与强大的机器实体威者(V'Ger)进行了一场惊心动魄的"面对面"对峙。然而,弗莱彻为《星际迷航二:可汗之怒》创造了一个更加实用的版本,给夹克配备了口袋、带环和大量标牌,非常适合存放三录仪、通讯器、相位枪等。它看起来很暖和,足以保护穿戴者免受恶劣环境的影响。它还包括一块可识别的肩章,描绘了佩戴者基地(比如地球)的示意图,肩章以在太阳系为背景,以蓝绿色缝合。

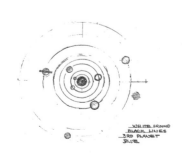

最左图:史波克那件不紫不黑的长袍经多年褪色,使其颜色更难以界定。
右顶图:柯克户外夹克上的肩章和(左图)弗莱彻的草图,它激发了弗莱彻创作肩章的灵感。
对页图:新的户外夹克经改进后,有了其他星际舰队服装所没有的口袋!

星际迷航三：
石破天惊

STAR TREK Ⅲ:
THE SEARCH FOR SPOCK

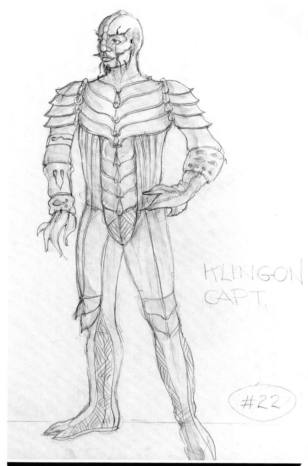

控制电影预算是每个部门主管的共同目标。在完善了《星际迷航二：可汗之怒》的星际舰队制服后，服装设计师罗伯特·弗莱彻很高兴，因为不用浪费制片人的时间和金钱，再为第三部星际迷航电影重新制作服装了。而且，他认为，如果运气好的话，他不必对《星际迷航：无限太空》中克林贡人的服装做太多改动了。"每个人都很喜欢。"弗莱彻在拍摄《星际迷航三：石破天惊》时回忆道。[14]因此，重复使用似乎是一件简单的事情，只需将克林贡人的服装从衣架上取下，掸掸灰尘就可以。

除非——它们不在衣架上。

在制作《星际迷航：无限太空》和《星际迷航三：石破天惊》的五年间，精打细算的派拉蒙影业公司高管决定让闲置的十几件克林贡服装发挥作用。其中一半被用作工作室的宣传服装。但就像许多勇敢的战士一样，他们没能在这场征途中幸存下来。剩下的六件借给了派拉蒙影业公司的电视部门，用在深受大家喜爱的情景喜剧《莫克与明迪》（Mork and Mindy）的某一集中。但还回来的时候，它们已经破破烂烂了。

弗莱彻着手这些服装的修复和完善工作，并始终牢记他最初的概念，更新了克林贡人的戏份。弗莱彻认为，克林贡人本质上是一种爬行动物，他们的基因中可能带一点壳纲类动物的特征；他的理论是，他们骨骼穿戴在体外（正如他在电影《星际迷航：无限太空》拍摄时创作的克林贡人的初步草图所示）。"随着它们的进化，"弗莱彻补充道，"它们保留了自己独特的脊骨。"[14]弗莱彻通过在他们的军服上加上一块突出的脊椎盔甲传达了这一点，他设计的军服与古代日本武士的军服相似。

左顶图：弗莱彻的早期概念草图中，他画了盔甲版的克林贡人。
左图：《星际迷航三：石破天惊》重新介绍的克林贡人，其设计有所改动，他们有了脊椎护甲。
上图：已经做好了的脊椎护甲。
对页图：指挥官克鲁格（克里斯托弗·劳埃德饰）为已完成的克林贡战斗护甲做模特。

弗莱彻为《星际迷航：无限太空》打造了克林贡人的骨质镀层前额。为了让他们在《星际迷航三：石破天惊》的过程中扮演更重要的角色，他选择了淡化效果，"这样你就可以更好地了解克林贡人的个人特色，"[14]他说。应导演伦纳德·尼莫伊的要求，弗莱彻还和化妆师汤姆·伯曼合作，为电影中的瓦肯人设计了妆容。

弗莱彻很高兴有机会再次为瓦肯人做设计。他为他们设计的服装雍容华贵。而且，正如他往常的作品一样，在设计之外，他还提出了一个能唤起神秘主义和传奇色彩的基本理念。比如，史波克的父亲沙瑞克（Sarek），其长袍上精致的珠宝装饰"就像犹太人大祭司胸甲上的宝石，"他解释道。"每块石头都有某种哲学意义，就像诞生石一样。我的创作理念是，瓦肯星是一颗富含珍贵矿物的星球，每个公民都有一块象征其地位、精神状态和意识水平的宝石，他们的帽子上也会有宝石。每块宝石上都带有相应的瓦肯语象形文字，描述了他们的社会地位和神秘成就。"[14]

弗莱彻在为电影中的瓦肯卫队配备适当的盔甲时也非常谨慎，尽管他们出现在屏幕上的时间不多。"它们是沙瑞克衣服最华丽的变化部分，"他说，"我们给他们设计了这些带有珠宝图案的华丽盔甲和头盔，并试图让宝石看起来就像漂浮在盔甲上。"[14]

作为瓦肯人的高级女祭司，朱迪思·安德森（Judith Anderson）爵士穿着一件半透明的长袍和搭肩衫，和《星际迷航：无限太空》的瓦肯人身上穿的服饰差不多。这套装束的顶部是弗莱彻为《星际迷航：无限太空》创作的一种特殊的喇叭状头饰。虽然这确实让安德森显得庄重，但她要求弗莱彻让她看起来更庄重。"她让我尽我所能让她看起来更高，"[14]弗莱彻说，这位受人尊敬的女演员非常娇小，他为她订购了特制的红色皮鞋，让她身高增高了几英寸。

弗莱彻为《星际迷航二：可汗之怒》精心设计的栗色星际舰队制服在《星际迷航三：石破天惊》中并没有多大用处。在电影的大部分时间里，进取号的船员都穿着弗莱彻设计的未来派平民服装，包括一件为苏鲁（Sulu）设计的棕色皮革披风。有人说，这让演员乔治·武井（George Takei）感觉自己像一个浪荡子——也许是他在《星际迷航：原初系列》剧集《疯狂之时》（The Naked Time）中的达达尼昂风格遗留下来的问题。"他一直试图用各种不同的方式穿戴它，其中一些我并不怎么认同。"这位设计师挖苦地说。

然而，并不是每个人都对这不中用的平民服饰感到满意。对于契科夫在《星际迷航三：石破天惊》中穿的粉色白领连身衣，沃尔特·科尼格说："我觉得这看起来很可笑。罗伯特·弗莱彻模仿一些俄罗斯艺术家的穿着方式，用一点不值钱的小玩意儿为它设计了图案。我们用它拍摄了一些镜头，迈克尔·艾斯纳（Michael Eisner）（当时的派拉蒙负责人）看着样片说他不喜欢。伦纳德·尼莫伊上前说：'我们要让你脱下戏服了。'我回答道：'谢天谢地。'"[15]

对页图：弗莱彻说，柯克优雅的便装反映出他是一个"喜欢奢侈、自负的人"。
顶图和上图：苏鲁（乔治·竹井饰）华丽的便装。

明星的专属珠宝设计师

你可能会把玛吉·施帕克（Maggie Schpak）称为"明星的专属珠宝设计师"，与哈里·温斯顿（Harry Winston）的头衔不同，哈里·温斯顿是一位著名的珠宝商，每年都为参加奥斯卡颁奖典礼的漂亮名流们提供精美的宝石，其独特的定位可能会吸引更多的异域文化。

这一切都始于1979年与罗伯特·弗莱彻的一次偶然会面，玛姬·施帕克即将为新时代的《星际迷航》服装设定标准。而弗莱彻正在寻找能够为《星际迷航：无限太空》打造出能与其服装相得益彰配饰的人。随后的合作证明，简直就是天造地设，即使达不到完美，也接近完美。

施帕克是金属艺术工作室（Studio Art Metal）的老板，她和她当时的丈夫也同为商业伙伴，在1971年购买了Western Costume的金属店后，开始了这项业务。多年来，他们一起为无数作品创作了珠宝，从《综合医院》（General Hospital）到《公主日记》（Princess Diary），再到《加勒比海盗》（Pirates of the Caribbean）。然而，施帕克承认，她对《星际迷航》系列情有独钟，她记忆最深刻的是自己与弗莱彻的合作，尤其是在《星际迷航三：石破天惊》中的合作，他们深入探讨了瓦肯人神秘迷人的一面。

"瓦肯人是弗莱彻最伟大的作品之一，"她说，"基于人类许多历史时期，他创造了美丽的艺术，其中一些是巴比

上图：弗莱彻为瓦肯卫兵设计的服装，几乎与他为瓦肯大使设计的服装一样奢华。

右上图：弗莱彻为瓦肯卫兵制服画的概念草图。

对页图：沙瑞克的豪华长袍上，镶嵌着由好莱坞的金属艺术工作室的工匠们制作的树脂珠宝。

伦人风格的，一些是法式风格的。它遍布于地图上，有圆的、方的，汇集在一起，就成了漂亮的形状。"

最吸引施帕克的是瓦肯人的宝石及其特殊的配置。"我们在电影中为沙瑞克制作的珠宝非常棒，"她热烈的语气中饱含热情。"我们努力让他的胸甲看起来像是棕色皮革，顶部有金色单元，用来固定大宝石。所以我们制作了带有巨大底切的单元来固定这些石头。那时橡胶模具没有那么好，我们也没有像现在这么好的硅胶。我们用树脂浇铸所有的石头。颜色是些丰富的大地色调，有琥珀色、红色和黄色，或许还有一点绿色。雕刻这些石头很困难，但这完全是一种享受，因为它们很漂亮，而且沙瑞克穿戴着胸甲的时候，真的看起来很酷。

"我们制作出了头盔、垫肩和权杖，还为瓦肯圣女做出了头饰。

"我们做了一些除了鲍勃和我们之外无人知晓的东西"，施帕克笑着说。"史波克的母亲阿曼达（Amanda）[简·怀亚特（Jane Wyatt）饰]穿的一些衣服和男人们差不多，但是看起来却漂亮多了。她戴的宝石是一种隐隐的淡紫色，上面有象征她、史波克和沙瑞克，也就是他们一家人的符号。"

施帕克与接替弗莱彻的服装师罗伯特·布莱克曼也建立了良好的工作关系。布莱克曼说他总是对她的技巧感到惊讶，尤其是在克林贡人的装备方面。"玛吉是一位伟大的工匠"，他说，"我打电话给她说：'我要传真给你一些关于

这件克林贡服装的小样。你有时间做吗？'她会说：'哦，当然有。'克林贡人的珠宝和金属配饰都是她制作的，而且美得令人赞叹。"

虽然施帕克确实为J.J.艾布拉姆斯（J.J. Abrams）导演的两部《星际迷航》电影做出了贡献，但是她的贡献主要集中在星际舰队的装备上。"我主要制作星际联邦的东西，奖牌、别针、徽章。我对他们现在正在制作的电影（定于2016年上映）感到非常兴奋。设计师热衷于做各种有趣的事情。"

自《星际迷航：无限太空》以来，施帕克和她的金属艺术工作室几乎为《星际迷航》的每一个角色都做出了贡献。包括四个电视节目和十二部电影的角色，以后还会有。以后，她可能会成为该系列幕后艺术家的最长纪录保持者。

左上图：在《星际迷航三：石破天惊》的剧本中，瓦尔克里斯（凯西·谢里夫饰）被描述为一个"具有史诗般身材的异国美女"。
右上图：朱迪思·安德森爵士要求穿厚底鞋，以增高特拉尔威严的身材。

群演的服装

并非每天都有人尝试表演法托潘仪式（fal-tor-pan），这是一种古老的瓦肯人仪式，旨在使已故的瓦肯人的精魂（katra），也就是生命灵魂与他的身体重新结合。事实上，这种罕见的场合很可能会吸引一大群围观者。当死者是最知名的瓦肯之子史波克（更不用说是《星际迷航》中最杰出的外星人）时，就需要数百名背景演员了，他们都必须穿着合适的服装。设计这件服装的责任落在了罗伯特·弗莱彻身上，他是与瓦肯星人时尚最相关的服装设计师。

"我试图为每一种外星文化发明一个设计系统，"弗莱彻解释道，"在面料和款式的选择上，我尽量让瓦肯人的和克林贡人不一样。瓦肯人的服装是非军事化的，穿着更接近牧师长袍。"

虽然弗莱彻给特拉尔（T'Lar）、沙瑞克甚至卫兵都穿上了非常华丽、独特的服装，但他决定，广大群众演员应该穿更简便的服装。"他们人太多了——我们制作了近三百套服装——我需要一些易于制作，但轮廓感仍然很强的东西。"他补充说。

"雇用两百名临时电影演员，最难处理的一件事就是打理他们的头发。为了让他们看起来像外星人，就必须遮住他们的头。如果只是用一块布裹住他们的头，那他们就会看起来像中东人。如果购买上面有很多装饰物的，看起来很精致的帽子来遮住他们的头发，那就得会花一大笔钱。"

顶图：女性瓦肯侍从在裸色的紧身衣外穿上尼龙薄纱长袍，以保持瓦肯人的礼节。
中图：在安魂仪式上，弗莱彻为一名见证人制作的包头巾，为露出耳朵，头巾开了个洞。
下图：作为瓦肯女祭司的特拉尔，朱迪思·安德森爵士戴着角形头饰，它是五年前弗莱彻在给《星际迷航：无限太空》为设计时就已构思好的。

弗莱彻采用了一个折中的方法，他用简单的头饰、大量僧侣式的风帽和一些方便遮住耳朵的长直假发。弗莱彻说："那是为了表达瓦肯文化的情感，即便超出预算，也要让瓦肯人看起来神秘——还要给他们提供一些廉价的耳朵！"[16]

星际迷航四：
抢救未来

STAR TREK Ⅳ:
THE VOYAGE HOME

上图：史波克的瓦肯长袍配有
衬垫、罗纹袖口和带帽的布加
勒花边，浅棕色丝绸上带有的
几何形的细节图。
右图：史波克搭配的头带盖
住了演员/导演伦纳德·尼莫
伊的耳朵，节省了他在化妆
椅上的宝贵时间，因为他不
需要戴上假的瓦肯人耳朵。
对页图：穿着考究的瓦肯家
族：史波克和他的父母，阿曼
达（简·怀亚特饰）和沙瑞克
（马克·勒纳德饰）。

乍一看，《星际迷航》三幕剧中的第三部电影，似乎给了服装设计师罗伯特·弗莱彻一点喘息的机会。

毕竟，他打造的星际舰队制服已经准备就绪。距离队员们的时尚便服以及史波克的瓦肯长袍——最后一次出现在《星际迷航三：石破天惊》中，还有一段时间。没有理由不将它们用在柯克一行人在20世纪旧金山的短途旅行中。正如1986年伦纳德·尼莫伊向美国有线电视《今日娱乐圈》（*Showbiz Today*）节目主持人比尔·图什（Bill Tush）解释的那样："在《星际迷航四：抢救未来》的准备过程中，如何处理这些衣服，我们想了很久。在离开瓦肯星开始旅行之前，我们并不知道我们必须回到三百年前的地球。考虑得越多，我的想法就越坚定，我认为，在旧金山的街道上，（我们船员）便装是完全可行的。所以，如果我穿这件白色长袍，戴发带，在旧金山，一点都不奇怪。"

然而，对于弗莱彻来说，并没到休假松口气的时候。是的，主演有他们以前的服装，但那些在旧金山街头闲逛的临时演员呢？还有23世纪联邦议会会议厅和星际舰队总部的所有外来物种呢？

因此，弗莱彻之前在《星际迷航》电影中经历的（到现在）熟悉过程再次开始了。在1989年的一次采访中，他详细地讲述了这件事："我读了剧本，然后我和导演、制片人以及明星们交谈。离开后，我接着绘制了草图。"一旦设计获得批准，流程中更具体的部分就开始了，他得选择面料了。"我更喜欢天然面料，"他强调，"因为它们能自然垂落且符合人体要求，而合成材料不适合剪裁。"

之后，他指出："你得和裁缝和布料商讨论一下。你得给他们看草图，讨论一下你选择的布料。接下来裁缝会做一个平纹细布模型和一个服装原型。然后，你得产生怀疑并说：'在这里压实一下，在那里放松一点。'与此同时，你需要和皮革工人谈谈，然后去金属店买拉链扣件、徽章（星际舰队要用的标志），诸如此类。

"然后你得和演员打交了。如果合适，就按照演员的尺寸做，但仍然会有服装需要调整的，有时是两三个演员的。最后，你把它拿给导演和制片人看，他们经常会说：'不，我不喜欢这个'，'加上那个'，或者'别烦我'。"[16]

有时，还有一些比个人观点更有力量的东西，会让整件事情泡汤。比如，弗莱彻想让星际舰队全体人员穿上新的制服，去参加《星际迷航四：抢救未来》里最后一场军事法庭。大家都赞同，但却没法实现。"我们只是没有钱，"弗莱彻实事求是地说，"它没有那么贵，但这会让预算非常紧张，所以我们不能这么做。"[16]

接着是鞋子的悲惨故事。"最初的想法是让舰队全体穿上这些新靴子，"弗莱彻回忆道，"我向彪马鞋业公司提交了一些设计，他们说：'哦，好的，可以根据我们现有的一个设计来做。我们会修改它。'然后我们就说：'好的，我们需要八十五双，要在某个

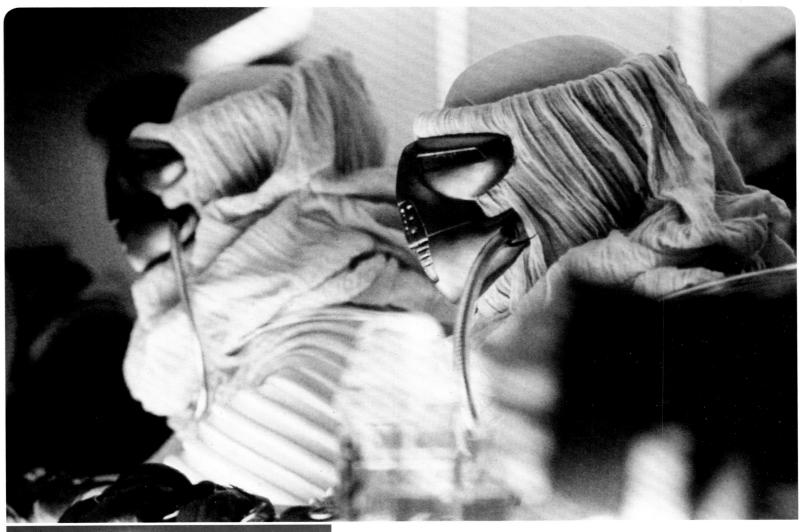

日期前完成。'但日子一天天过去，我们不得不开始拍摄了，还是没有鞋子。我们用之前电影里那种纯黑的靴子继续拍摄。然后，在拍完时，新靴子出现了。还没法全部供应，做的是黑色和勃艮第色的高帮运动鞋，鞋边上有星际舰队的标志。但是根本没法用。"[16]

尽管好莱坞的每一部电影都会遇到各种各样的挫折，但《星际迷航四：抢救未来》还是按时、按预算完成。本土票房收入为1.097亿美元。在2009年由J.J.艾布拉姆斯执导的重启电影《星际迷航》上映之前，它是《星际迷航》电影中最成功的一部。据报道，大量本来不是《星际迷航》影迷的观众被它轻松的基调和当代主题吸引，从而增加了观影人次。这部电影最终为弗莱彻赢得了科幻、奇幻与恐怖电影学院颁发的最佳服装土星奖，之前，他在每一部《星际迷航》电影出来后都获得了此奖项的提名（但没有获奖）。

《星际迷航四：抢救未来》标志着弗莱彻从《星际迷航》制作机构和好莱坞退休了。他于2005年获得服装设计师协会颁发的职业成就奖，并于2008年获得戏剧发展基金/艾琳·沙拉夫（Irene Sharaff）奖颁发的终身成就奖。

对页图：柯克（威廉·夏特纳饰）和鲸鱼专家吉莉安·泰勒（凯瑟琳·希克斯饰）扮演医务人员。
顶图：在联邦议会会议厅，即使外星大使穿的衣服一晃而过，弗莱彻也给予了充分关注。
上图：这位无名联盟主席（罗伯特·埃伦斯坦饰）的服装以复杂的衲缝设计为特色，其中包含了来自"星际联邦官方大印章"的元素。

最能成为大使的……？

时间：2286年。地点：地球，联邦议会会议厅。

一位愤怒的克林贡大使［演员约翰·舒克（John Schuck）饰］，站在由61名成员组成的联邦议会面前，要求将詹姆斯·T.柯克（James T. Kirk）舰长和他的队员引渡到克林贡母国，接受"反克林贡种族罪"的审判。

激怒大使的罪行是在《星际迷航三：石破天惊》中犯下的。距离那部电影上映已经过去两年了。电影制作人知道，他们得在《星际迷航四：抢救未来》开始时，就加入一些强有力的说明，以提醒电影观众有关柯克及其队友当时遇到的麻烦。

为了烘托续集中残酷、正式的氛围，《星际迷航四：抢救未来》的产品设计师杰克·科利斯（Jack Collis）在派拉蒙的一个摄影棚里建造了联邦议会会议厅的巨大场景。科利斯使用了从地板镶嵌到天花板上的大型大理石、不锈钢房门及光彩夺目的黑色地板，这种地板可以反射出大理石和钢铁制品。科利斯从下面给议会画廊中的旁观者打光，用来突出他们更独特的品质。

服装设计师罗伯特·弗莱彻知道，克林贡大使必须穿着得体。因此，他为这部电影设计了最精心制作的作品之一。这是一件由鸽灰色皮革制成的夹克，它配有编织的猪皮流苏、合成毛皮袖子，采用了黄铜马赛克细节的黑色皮革束带、黑色皮革饰边的灰色羊毛斗篷、皮革手套——当然，还有，弗莱彻设计的克林贡标志性的分趾靴。

这套服装加上演员的表演，给人留下了深刻的印象，因此，舒克和克林贡大使的服装，都将再次亮相《星际迷航六：未来之城》。

大使的黄铜项链

"当约翰·舒克扮演克林贡大使时，我们为他做了一条巨大的项链。我们为它雕刻，然后把零件做成失蜡铸件，全部用黄铜制作并且用铰链合起来。我们给它装上了一个灰色的大球体，黄铜漂浮在铬合金上。制作起来很困难，但完成后，它确实是一个杰作。

"然后，我们给他设计了一个巨大的肩带，我们用一种不同于以往的电镀工艺完成了这一切，这表明他是一个非常重要的克林贡人。"

——玛吉·施帕克

对页图：大使（约翰·舒克饰）是第一个出现在《星际迷航》化身中的克林贡平民。

最左图：罗伯特·弗莱彻为大使的服装设计了合适的花边和装饰图案，现实中的服装则忠实地复制了他设计的各种细节（上图）。

星际迷航五：
终极先锋

STAR TREK V:
THE FINAL FRONTIER

顶图和上图：赛波克（Sybok）的出场镜头，灵感来自电影《阿拉伯的劳伦斯》，它既是概念艺术，也是电影的最终框架。

对页图：特技演员琳达·费特斯（Linda Jetters）赢得了"猫舞者"（三个乳房）这一非对话角色，该角色穿着多迪·谢发德设计的一套斯潘德克斯弹力戏服。化妆师肯尼·迈尔斯花了八个小时在她的戏服上添加条纹。

他并不打算成为一名服装设计师，现在也不是个服装设计师，但生活也有奇怪的曲折和转变。在通用汽车公司，尼洛·罗迪斯－贾梅罗（Nilo Rodis-Jamero）开始了设计汽车外观的职业生涯，对他来说，为莱娅公主的奴隶女孩设计服装（《星球大战六：绝地归来》），以及为"上帝"（《星际迷航五：终极先锋》）化妆的前景，几乎和这些转变一样奇怪。

这种变化始于乔·约翰斯顿（Joe Johnston），他当时是特效公司"工业光魔"的艺术总监，正在为"工业光魔"的艺术部门寻找一位创意合作伙伴。他联系了圣何塞州立大学（San Joe State），看看学校是否能引荐设计领域的新星。校友尼洛·罗迪斯－贾梅罗得到了学校的高度评价，但贾梅罗为通用汽车公司工作后，学校无法联系上他。与此同时，罗迪斯·贾梅罗已经调到了其他职位。约翰斯顿联系上他的时候，他正在为联邦海事委员会（FMC）设计军用坦克。

此后不久，罗迪斯－贾梅罗在一间房间里接受了"工业光魔"创始人乔治·卢卡斯（Gorge Lucas）的采访。"我真的不知道他是谁，"罗迪斯·贾梅罗笑着说。"所以他在地板上，翻看我散落在各处的作品集，而我正在看我的固定演示文稿。他略过了我的固定演示文稿，抬头看着我说：'你喜欢科幻小说吗？'我想：'这真是个奇怪的问题。'我的回答是：'不，我不喜欢科幻小说。'我试图继续我的演示文稿，但他再次抬头看着我说：'你喜欢科幻电影吗？'我说：'不喜欢。'因为我当时真的不喜欢电影。最后他站起来说：'你到底喜不喜欢电影？'我说：'不喜欢'。他说：'你被录用了。'我说：'我被录用来做什么呢？'他说：'设计我的下一部电影。'我惊讶地问：'电影是设计出来的吗？'

"我就是这么天真。乔治说：'听着，我知道怎么拍电影。但我不知道怎么设计，所以你来帮我。我们一定会成功的。'他要找的是一位设计专家而非精通电影的人。"

在为"工业光魔"工作期间，罗迪斯－贾梅罗负责设计《绝地归来》（Return of the Jedi）里的武器、设备、载具及服装。然后，当电影《星际迷航》开始拍摄时，他开始了解世界上最受欢迎的其他科幻系列电影。他说："《星际迷航》更难，因为我必须遵守该系列既定的设计原则。我非常清楚，我必须遵循服装设计师和制作师多年来确立的某种轨迹。当然，似乎每个人都是超级《星际迷航》专家！所以我意识到了这一点，并且非常小心，我没有偏离前辈们设定的路线。

罗迪斯－贾梅罗很快赢得了那些星际迷航老粉丝们的心，他说，克林贡猛禽（Bird-of-Pray）的设计灵感，源于一名健美运动员"像螃蟹一样"伸展肌肉时的体形以及《星际迷航三：石破天惊》中太空船坞模型，是大家很熟悉的知名模型。

还有一个挑战，就是要学会和一个非常有想法的人打交道。

"我记得我第一次参与《星际迷航五：终极先锋》时，他们聘用我做艺术总监，"罗迪斯·贾梅罗说，"有一天，我接到执行制片人

拉尔夫·温特（Ralph Winter）的电话，他说：'比尔（Bill）会告诉你这个故事，'然后他把电话递给了电影导演威廉·夏特纳，他告诉我整个流程。嗯，他确实是个讲故事的高手，一个非常迷人的人，我在听着，然后他说：'接着船员们遇到了上帝。'我说：'什么？'

"我在天主教神学院上学，所以关于上帝的话题非常棘手，没办法通过简短的交谈就说明白，因为一辈子也无法参透！所以我说：'比尔，你要在两个小时内讲一个关于船员们遇见上帝的故事吗？'但他接着说片子里会有马和一种西部大片的主题。我试着把我的精力都集中在这里面。这是《星际迷航》，将由比尔执导，这与他对马的热爱有关，但他不希望它们成为马的故事；也有他对西部片的热情，但他不希望它成为西部片；是有关于上帝的东西，但又不完全是上帝。"

作为艺术总监，罗迪斯−贾梅罗的主要职责是绘制故事板。"为了将场景可视化，我必须把人物放进我的草图里。"他说，"人们必须穿着点什么，所以我开始给他们穿上戏服。"制片人喜欢他画的服装，决定用它们作为服装的灵感。在他意识这一点之前，罗迪斯−贾梅罗的头衔已经扩展到"服装设计师"了。

"这部电影的服装几乎是附带创作出来的，因为它从来被定义过，"罗迪斯−贾梅罗说，"背景人物——赛波克的追随者——其实不需要定义。而赛波克自己，嗯，我知道他是史波克同父异母的兄弟，也没有偏离血统。他的服装看起来像瓦肯人。比尔希望他有一个很好的出场方式，就像电影《阿拉伯的劳伦斯》（Lawrence of Arabia）中奥马尔·谢里夫（Omar Sharif）的角色走出沙漠时展现给观众的场景。"

制片人希望赛波克穿着一件披风，当他骑马走向摄像机时，这件披风能在他身后庄严地展开。但演员也必须下马四处走动，所以披风必须正确放置，不能很单薄。因此，衣服的重量不可避免地成了问题。

"在拍摄场景的那天晚上，我们制作的披风飘不起来。"罗迪斯−贾梅罗回忆道。"它太重了，而且我们是在沙漠中。所以必须迅速想出一个办法，让披风可以他在骑马时展开。最后，我们只是撕掉了一块多余的布料，用它代替真正的披风。从远处看，它似乎还是一块完整的披风，并且它飘扬得足以给人一种威严的形象。"

类似这样的经历可能是罗迪斯−贾梅罗远离服装界的原因之一。然而，正如他所说，这只是人生道路上另一个古怪的转折。"美国艺电游戏公司（Electronic Arts）邀请我做一个关于设计的演讲，"他说，"因为我就是这样一个设计师。没过多久，他们问我是否愿意为他们工作。我说：'我不玩游戏，对游戏一无所知。'他们说："别担心。我们公司有上万员工。我们所有人都知道如何制作游戏。但是我们不知道你对设计有怎样的想法。"

如今，罗迪斯−贾梅罗负责"第八代"（Gener 8）公司，为电影行业提供二维电影转三维立体电影的服务。"这完全是偶然的，"他微笑着说，"只是因为有人让我做一些事情，我想：'那为什么不做呢？'"

上图：深情的赛波克（劳伦斯·卢金比尔饰）摆出一副沉思的、弥赛亚式的姿势，他是史波克同父异母兄弟。

对页顶图：《星际迷航五：终极先锋》中的蓝色独角兽出自威廉·夏特纳的想法，而威廉是一位狂热的骑手和马匹饲养者。

对页下图：尼洛·罗迪斯−贾梅罗为"幻云星三号"上的有角骏马绘制的"行头"草图。

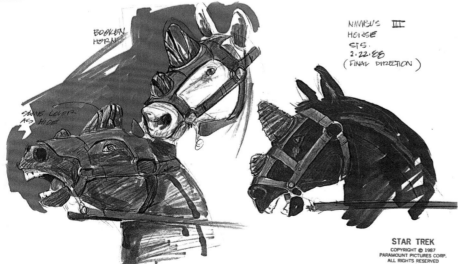

蓝色独角兽

"比尔·夏特纳对马有着真正的热情,但从一开始,他就建议我们把赛波克的坐骑做成一只外星独角兽的样子。所以我就这么做了,尽管我确实增加了一只角,就像一头犀牛。我把角装在了动物的缰绳上,这就是它的服装,可以用于各种目的。后来,我们把马儿变成了蓝色,让它更具超凡脱俗的品质。"

——尼洛·罗迪斯-贾梅罗

史波克的露营装流露出一种多彩的颜色，鲜有人会想到这个古板的瓦肯人竟然这么有时尚感。

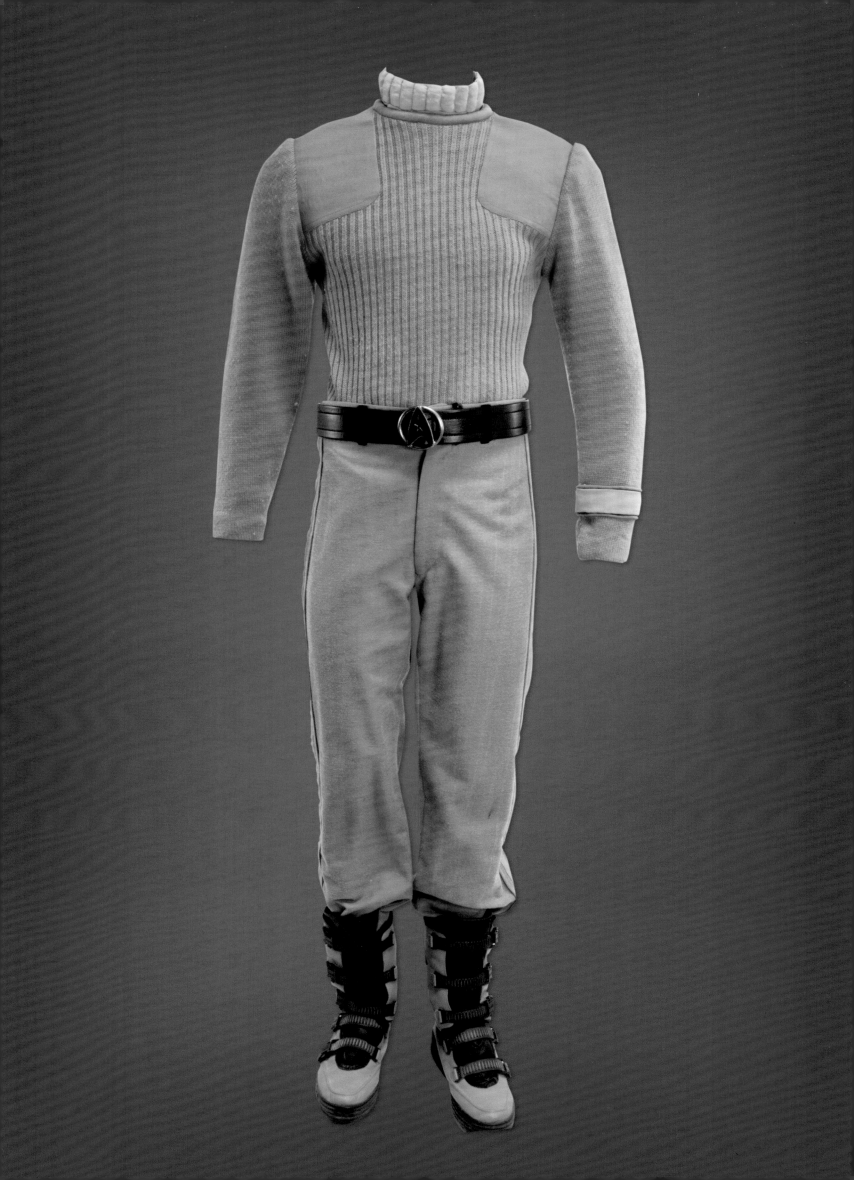

棕褐色户外制服

"我们在试验了粗花呢和华达呢之后，用针织面料制作了进取号队员的棕褐色户外制服（又称突击服）。这种针织面料最符合他们的需求。比尔·夏特纳喜欢户外制服，但伦纳德·尼莫伊觉得它们不合身，外观也不好看。在我看来，最重要的一点是，他们虽然与之前电影中的服装不同，但看起来仍然像是《星际迷航》中的服装。"

——多迪·谢泼德，《星际迷航五：终极先锋》服装主管

对页图：麦考伊的战地制服，配以实用的靴子，专门设计来对付各种外星地形。

顶图：电影制作人就史波克、柯克和麦考伊的户外服装联系了李维·斯特劳斯公司的设计师，并在这个过程中确定，斜纹粗棉布将永远存在，或至少沿用到23世纪为止。

上图：这些服装融入了一些观众熟悉的元素，比如由罗伯特·弗莱彻设计的星际舰队徽章皮带扣。

右图：尼洛·罗迪斯-贾梅罗设计的概念草图。

暗云三号上的碎布

对页图：演员雷克斯·霍尔曼（Rex Holman）是曾参演过《星际迷航：原初系列》的《枪灵》(Spectre of the Guns) 一集，这是他饰演约翰的定妆照。

顶图：尼洛·罗迪斯-贾梅罗的这幅概念草图揭示出，约翰最初是一个绿色皮肤的外星人。

上图：罗迪斯-贾梅罗为生活在"银河和平之星"天堂城的邋遢难民们创作的草图。

　　"在为暗云三号（一个饱受压迫、名为"银河和平之星"的沙漠世界）的居民装扮时，我们希望将他们区分开来，就好像他们是来自不同星球，不同物种一样。但是由于时间不够，我们这个想法并未付诸实施。我们最终认定，他们被困在这个星球上太久，因此他们得用自己能找到的任何东西来遮羞、保暖，除此之外没有过多的细节描述。

　　"为了打造这种外观，我们从不同的地方收集了一些布料碎片。我们走进一些商店和工作室去找碎布，把东西翻了个底朝天。最终我们找到了一个菲伯·麦基的衣柜［来自经典的《菲伯·麦基和莫利》(Fibber McGee and Molly) 电台节目］，里面装满了不同的布料。我们将碎片煮沸压缩并将其打散，然后将它们全部染色。最后我们用找到的碎片制成了戏服。"

　　——多迪·谢波德，《星际迷航五：终极先锋》服装主管

野营场景

　　"当我们准备拍摄最后一个露营场景时柯克、史波克和麦考伊唱着《划船曲》的这场戏时，比尔·夏特纳要求他靴子上配有莱茵石，以便像一个真正的'莱茵石牛仔'。他开始在我的配饰盒里翻找，几分钟后，他说：'把这样的东西粘在我的靴子上。'我看了看，他手里拿着大莱茵石。这是人造钻石啊，而在我看来，这个场景应该很低调，演员应该穿着休闲的露营装备，但如果按比尔的想法来，这个场景中将会出现这双利伯雷斯（Librace）靴子！

　　"我告诉制片人哈夫·贝内特我很担心，哈夫向我保证：'别着急，我们可能不会拍摄靴子的部分。'

　　"我确实按照比尔的要求制作了靴子。但我开始慢慢地让他放弃这个想法，说它们可能会分散观众的注意力。然后，在拍摄过程中，我得确保他把普通靴子带到片场。

　　"有时候事情并不会按照导演的方式进行。"

——尼洛·罗迪斯-贾梅罗

凯瑟琳·达尔

"我知道尼洛是设计所有男性服装的合适人选，但我有点担心凯瑟琳·达尔（Caithlin Dar）的服装，她是暗云三号美丽的新罗慕伦人的代表。"所以我让尼洛画了一系列草图。她的服装应该是轻盈的，但也得看起来可以穿着走动的。我知道我们必须在第一个镜头中将她伪装起来，所以这也成为一个要求。当她在舰桥上的时候，让她穿太暴露的衣服看起来不太合适。所以我们必须解决所有这些问题，尼洛提出了一些不错的建议——比如，带帽斗篷。我对这个结果非常满意。"

——威廉·夏特纳

对页顶图及底图：李维·施特劳斯的设计师们根据人物的不同个性设计了服装、夹克、衬衫、背心和裤子。例如，麦考伊得到了一件内衬羊毛的漂亮牛仔夹克（这款夹克的复制品被作为本片"杀青"的礼物送给了剧组成员）。

左图：罗慕伦大使凯斯林·达尔由"红星大奖"前得主辛西娅·古夫（Cynthia Gouw）扮演。

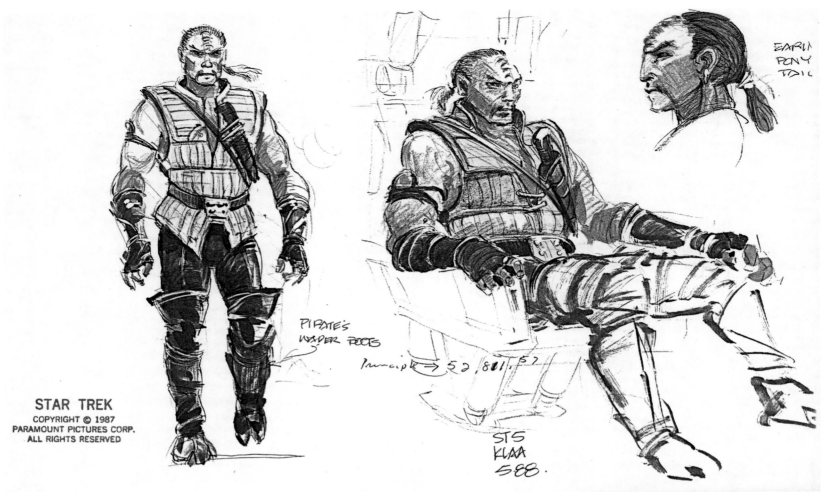

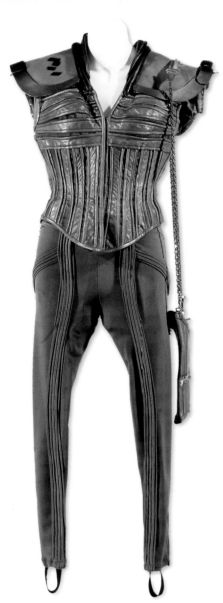

克劳上尉回忆起他的服饰

托德·布莱恩特（Todd Bryant）身材高大，金发碧眼，终生居住在圣莫尼卡，在《星际迷航二：可汗之怒》中扮演了一名年轻的星际舰队学员，这是他最早扮演的角色之一。但随着年龄的增长，他练就了一副运动体格，并对特技工作产生兴趣。克林贡舰长克劳（Klaa）的角色很适合他。这套服装他穿身上看起来很棒，也很合身。

"我的背心是贴身的人造皮革，垂直绗缝，上面有隆起的脊。"布莱恩特回忆说。"裤子是氨纶的。然后我穿了一双大靴子，那双靴子很高，过了膝盖，是皮制的，是按照我的尺寸量身定制的。

"手套也是由黑色皮革手工制作的。他们量了我的手围。我记得指关节的爪子是用突出的硬塑料材料制成的。他们把爪子涂成同一种颜色，以便看起来更自然，就像狮子的爪子一样。我认为他们以前从来没有为克林贡人制作过这样的手套，上面还有克林贡人的文字。

"腰带扣的设计是为了让背心底部保持闭合，而背心上部是敞开的，用来展示我的胸部，"布莱恩特说，"当时，我和斯派克·威廉姆斯（饰演维西斯）一起锻炼身体，为穿上这些服装做准备。我们都要穿背心，我想斯派克和我是第一次穿无袖服的克林贡人。查尔斯·库珀（饰演科尔德将军）穿着传统的毛袖，上面还有很多奖章！"

顶图：尼洛·罗迪斯－贾梅罗为克劳绘制的草图；克劳是柯克的克林贡对手。
上图和左图：特技演员/健美运动员斯派克·威廉斯所穿的部分皮革和氨纶服装，这些物件后来出现在《星际迷航：下一代》和《星际迷航：深空九号》的剧集中（其他演员身上）。
对页图：克劳（托德·布莱恩特饰）可能是有史以来银幕上最牛的克林贡人，这要归功于布莱恩特作为特技演员/特技协调员的积极职业生涯。

星际迷航六：
未来之城

STAR TREK Ⅵ:
THE UNDISCOVERED COUNTRY

下图：作为一个变形人，马蒂亚有很多伪装，其扮演者是汤姆·莫加（Tom Morga）。

对页图：《星际迷航六：未来之城》最后一次集体出镜，观众熟悉的联邦星舰进取号船员有：（后排）苏鲁（乔治·竹井饰）、乌胡拉（尼切尔·尼科尔斯饰）、蒙哥马利·史考特，昵称"史考提"（詹姆斯·杜汉饰）；（前排）帕维尔·契科夫（沃尔特·科尼格饰）、伦纳德·麦考伊，昵称"老骨头"（德福雷斯特·凯利饰）、詹姆斯·提比略·柯克（威廉·夏特纳饰）和史波克（伦纳德·尼莫伊）。拍摄火炬将传递给下一部电影《星际迷航：斗转星移》的星舰船员们。

有时候你得自己动手。

服装设计师多迪·谢泼德（Dodie Shepard）与米高梅电影公司签约，成为一名女演员，从而进入演艺圈。然而，成功并不是一蹴而就的，而且，她还有其他想法。

在试图找到适合自己五英尺身材的衣服时，这位崭露头角的女演员变得沮丧起来。因此，她进入了沃尔夫设计学院，并在20岁时，就为身材娇小的女性设计、销售了一系列服装。这让她在好莱坞标志性的服装公司Western Costume工作了一段时间。三年后，她重新进入了制作室的摄影棚，这次她不是以演员的身份出现，而是在一部名为《黑手》（Black Hand）的小作品中当服装师。她并不是一直默默无闻。很快，她就和服装部员工一起制作了一系列引人注目的作品，其中包括《杀死一只知更鸟》（To Kill a Mockingbird）、《丑陋的美国人》（The Ugly American）、《塔拉斯·布尔巴》（Taras Bulba）、《窈窕淑女》（My Fair Lady）、《杀死自由的巴伦斯男人》（The Man Who Shot Liberty Valence）和《肮脏的哈利》（Dirty Harry）。她还忙于插播电视节目，在《洋场私探》（Mannix）、《吉利根岛》（Gilligan's Island）和72集的《碟中谍》（Mission: Impossible）等担任服装主管。一路走来，谢泼德凭借在电视电影《贝蒂·福特的故事》（The Betty Ford Story）、《原始人》（Primal Man）和《胜利的代价》（What Price Victory）中的作品获得了三项艾美奖提名。

1988年，谢泼德被聘为《星际迷航五：终极先锋》的服装主管，她与艺术总监/服装设计师尼洛·罗迪斯–贾梅罗携手合作，这为她打开了一个全新的世界。

"制片人是尼洛在'工业光魔'（ILM）工作时认识的，"谢泼德说，"他曾与他们合作拍摄过《星际迷航》前面的几部电影。尼洛是一位素描艺术家，才华横溢而且与众不同，但他并不是专门的服装设计师。所以他们把我请来了。在制作会议结束后，我会告诉尼洛，什么样的服装才能有用，然后，他会画好草图，我来制作，服装效果非常好。"

谢泼德的作品十分受欢迎，所以她又被邀请重返《星际迷航六：未来之城》系列担任服装设计师。罗迪斯–贾梅罗也回来了，但他只担任艺术总监。

和其他电影一样，《星际迷航六：未来之城》也面临着挑战，而最大的挑战是预算问题。派拉蒙影业公司现在有两个《星际迷航》系列要经营：一个是根据《星际迷航：原初系列》中的人物改编的电影系列，另一个是其日益流行的首播联卖电视剧《星际迷航：下一代》。

此外，该工作室还在开发另一部电视剧《星际迷航：深空九号》。制片厂的老板们意识到原版节目的演员们不再年轻了，他们认为目前可能是转移注意力的好时机。接下来，他们设想了一个《星际迷航：下一代》的衍生电影系列。

衍生电影带来的影响对《星际迷航六：未来之城》来说并不是灾难性的；它是一部好看的电影，且具有良好的视觉效果。但谢泼德必须时刻关注利润。

罗伯特·弗莱彻设计的船员制服仍然好用。然而，新服装需求的增加，比如故事里所有克林贡人要穿的服饰，就是另一回事儿了。不过，谢泼德几十年的经验确实帮了她很多。

"我们用人造皮革制作克林贡人的服装，因为基于《星际迷航：原初系列》角色而衍生的《星际迷航》章节即将被画上句号，我们买不起真正的皮革，"谢泼德回忆道，"唯一一次使用真皮，是为他们做手套。我们真的是从零开始。因为没有一种人造纤维看起来像克林贡人那样坚韧，所以不得不使用真皮。我们无法用棉质材料做成结实的手套，而人造革也不够结实，既不能进行缝纫，也无法承受演员的手部动作。这项任务不容易，但这也是唯一可以完成的方式。

"我们花在张将军（Chang）[克里斯托弗·普卢默（Christopher Plummer）饰]的束腰外衣上的费用比其他人的多一些。但它仍是仿皮的，我们把它水平地缝起来，把棉絮填充进去，再加上一层衬里。高冈（Gorkon）[大卫·华纳（David Warner）饰]的外衣有点不同，是红色的。我们将它垂直地缝起来，而不是像普卢默饰那样横着缝起来。我特意朝不同的方向缝制，希望它可以向观众展示这两个人级别不同。

"阿泽特布尔（Azetbur）[罗莎娜·德索托（Rosana DeSoto）饰]肩部也是同样的材料。灯光让每一件服装看起来都有点不同，但它们都是黑色、灰色、红色的。我们在阿泽特布尔的服装上加了一点支撑材料，我在一家汽车配件店买到了类似管子边缘的圆形物件，主要是装在发动机附近的橡胶软管，这样它看起来就像中世纪的领子。当你试图用很少的钱做出点事情，你就必须得有创意。"

在参与《星际迷航六：未来之城》的设计之后，谢泼德继续担任服装设计师，参与拍摄了多部电影，包括《忍者神龟二》（*Teenage Mutant Nina Turtles II*）和梅尔·布鲁克斯（Mel Brooks）的电影《罗宾汉也疯狂》（*Robin Hood: Men in Tights*）和《吸血鬼也疯狂》（*Dracula: Dead and Loving It*），并于1995年退休。

对页图：考虑到预算，设计师多迪·谢发德用乙烯基、汽车内饰、合成毛皮和超氯纶为《星际迷航》的第六部电影创作了这件克林贡战士的服装。
右上图：谢发德可以在主角们的服装上花更多的钱，如总理高冈（大卫·华纳饰）。
右下图：鲁拉·彭塞星看守所的克林贡指挥官（摩根·谢德饰）。

张将军的眼罩

"在《星际迷航六：未来之城》的拍摄过程中，导演尼克·迈耶走过来对我说：'我需要说服克里斯托弗·普卢默（Christopher Plummer）来扮演张将军。'记得当时，我对此非常激动，就脱口而出：'哦，我的天呐，克里斯托弗·普卢默，真的吗？'然后尼克问：'你能为我画张他的草图吗？'我重新看了剧本，发现张将军行事作风几乎像个外交官。导演没有说他长什么样，但我明白必须来点独一无二的。现在，我总是用圆珠笔画画。我不会特意地抽身出来去思考某个东西会是什么样子，然后再画出来。当我放下笔时，大脑会思考我要画什么。所以在几秒内，我想：'这家伙应该戴上眼罩。'当我画的时候，我想：'你知道，这不仅仅是眼罩，而是张将军。他要把这个该死的眼罩拴在他的头上。'几分钟之后，我就把他从一个外交官变成了一个流氓海盗，他只是碰巧在谈论外交。我把画好的草图给了尼克。

"第二天，尼克找到我，给了我一个熊抱，说：'我带克里斯托弗·普卢默去吃晚饭。当时我不知道结果会怎样，但吃完饭后，我拿出你的草图递给他，他就说："我接受这份工作。"'

"基于那张照片，克里斯托弗同意拍这部电影！现在，我当然希望我还保存着那张草图。"

——尼洛·罗迪斯-贾梅罗

对页图及上图：克里斯托弗·普卢默已经领悟到了张将军奸诈但坦荡的性格，他拒绝使用克林贡风格的假发，认为秃顶更能凸显张将军的个性。

克里斯托弗·普卢默的配饰

"我们为克里斯托弗·普卢默制作的配饰非常特别。它有兽皮的图案，从两排链子中间垂下。兽皮是由泡沫和乳胶制成的。我们雕刻了我们想要的造型，制作了石膏模型，然后在上面涂上我们染成黑色的乳胶。当它固化后，我们将可膨胀泡沫夹在乳胶上，使其具有弹性。然后我们把它画成野兽皮肤的样子。

"这几排链子是我买的，因为我觉得它在某个时候很好看。我经常这么做，尤其是当工作室在制作电影的同时制作三个系列的时候。如果我在购物目录中看到一些有点像克林贡人的东西，我会订购它。然后它就出现在这里。这个特殊的链子是半圆形的，甚至有两种尺寸。我每样都买了一些，就放在那儿，等着张将军。"

——玛吉·施帕克

鲁拉·彭塞小行星

"为了给鲁拉·彭塞（Rura Penthe）小行星流放地的囚犯们设计衣服，我们找了很多旧的真毛皮。一开始，我和我的助手在几个跳蚤市场找，后来我们跑遍了文图拉大道（Ventura Boulevard）的二手服装店。不得不说，这事儿多有趣啊——刚开始我们翻箱倒柜，找了很多旧衣服。我们把能找到的每件毛皮都买了下来，不管是一条旧围巾，还是一顶帽子，或者是一件带领子的外套。刚开始的时候，当我们找到一些东西后，店主会说：'是的，三美元可以拿走。'但过了一段时间，当我和助理分头寻找，从一家店铺走到另一家店铺时，我们得到的报价开始上涨。每次走进下一家店铺的时候，价格都会更高。最后，我的助手打来电话问我：'怎么回事啊？我沿着文图拉大道走了四个街区，这东西的价格一下子涨了五倍！'

"我意识到那些店主们在互相打电话报信，把话给传出去了！"

——多迪·谢泼德

对页图及下图：夏芙洛·马蒂亚（Chameloid Martia）[伊曼（Iman）饰]穿的拼色毛皮套装看起来很好，足以登上时装秀舞台。

克林贡长官之链

"作为《星际迷航六：未来之城》中克林贡最高议员会的总理，高冈戴着一件非常显眼的珠宝，人称'执政之链'。多迪·谢泼德是这部电影的服装设计师，但她打电话说：'伙计们，你们给克林贡做设计已经很久了。你比我更了解他们，所以请你们做点特别的。'我们研究了梵蒂冈、英国皇室以及其他几条真正的执政之链。我的搭档汤姆·布朗（Tom Browne）画了一幅多迪认可的图，然后做了一个模型。它包含了一些不一样的克林贡符号——角色——鲍勃·弗莱彻在制作早期电影时向我们展示过一些。链子上的坠子带有一个像面具式脸谱的头，头装在两个克林贡野兽的上方，是用镀铬铸造金属制成的。"

——玛吉·施帕克

阿泽特布尔的头饰

有时美丽来之不易。有时它容易得让人觉得荒唐。

举个例子：阿泽特布尔的漂亮头饰，她是克林贡最高议会总理，接任遇刺的父亲高冈。

《星际迷航六：未来之城》的服装设计师多迪·谢泼德说："这是金属艺术工作室做的。"

"好吧，是也不是，"工作室的玛吉·施帕克承认，"我们在头饰后面做了一个附件，头饰本身是在派拉蒙制造的。我想是有人刚好从怀特林和戴维斯（Whiting & Davis）那里拿了一块边角料，画了一个轮廓。它很漂亮，而且搭上去很合适，所以他们就用了。"

这不是第一次用金属网来制作克林贡人的服装了。在《星际迷航：下一代》中，杜琳达·赖斯·伍德在《密使》（Emissary）一剧中把它用在了沃尔夫（Worf）和凯勒（K'Ehleyr）的服装中。

对页图：克林贡执政之链——非常精致，充满原始魅力。
左上角：作为克林贡最高议会总理，高冈（大卫·华纳饰）自豪地佩戴着他的人民办公室徽章，在进取号上参加了一场倒霉的晚宴。
中图：阿泽特布尔与沃尔夫上校（迈克尔·多恩饰）磋商，他是《星际迷航：下一代》中沃尔夫的祖父。
上图：在父亲去世后，阿泽特布尔继承了高冈的办公室之链和总理职位。

星际迷航:
下一代系列电视

STAR TREK:
THE NEXT GENERATION

下一代

第一季

STAR TREK:
THE NEXT GENERATION
SEASON ONE

下图：在为《星际迷航：原初系列》设计服装20年后，威廉·威尔·泰斯参观了《星际迷航：下一代》的试播集拍摄工作。图中从左至右分别为泰斯、丹尼斯·克罗斯比、乔纳森·弗雷克斯和莱瓦尔·伯顿。

底图：一份备忘录，说明在以《星际迷航：下一代》人物为原型的特许商品（如角色模型）中使用的适当颜色。

对页图：共同完成《星际迷航》第二部剧集的工作者们。上排为盖茨·麦克法登（饰贝弗莉·克拉希尔医生）、丹妮斯·克罗斯比（饰塔莎·雅尔）、莱瓦尔·伯顿（饰乔迪·拉弗吉）；中排为帕特里克·斯图尔特（饰让-吕克·皮卡德舰长）、制片人罗伯特·贾斯特曼，吉恩·罗登贝瑞，里克威尔·伯曼，乔纳森·弗雷克斯（饰威廉·瑞克）；下排为威尔·惠顿（饰卫斯理·卡拉希尔），布伦特·斯派尔（饰数据），玛丽娜·赛提斯（饰迪安娜·特洛伊）。

1986年底，威廉·韦尔·泰斯走进了派拉蒙影业公司的伊迪丝·海德服装大楼。在《星际迷航：原初系列》结束17年后，一部名为《星际迷航：下一代》的新电视续集正在筹备中，而泰斯将再一次承担该系列的服装设计工作。

从各方面来看，泰斯都很享受回到派拉蒙的工作岗位上。这一次，他肩负了更多的责任，同时也拥有了更多预算，还有来自工作室的更多投入。相较于20世纪60年代制作的首部剧集，该系列的成功将有更多保障。他也更加坚信，应该按照自己的方式做事，而不是听从别人的意见。《星际迷航：下一代》制作期间，泰斯在接受的几次采访中，坦率地解释了其中的一些差异。

"在制作前面的作品时，我们比现在天真很多，"他说，"那时我更孤立无援。现在，更多人重视我了。吉恩·罗登贝瑞允许我改变新设计的制服颜色，我认为前面作品中，制服的颜色搭配不太合适。这次，我对自己想做的事，更有信念、更坚定了。新制服的色调是酒红色、茶色、芥末黄色和黑色。对大多数人来说，酒红色和茶色更搭配，而挑选芥末色是为了对比衬托。"[17]

但制服很大一部分是黑色的，包括肩部、侧面、躯干下半部分和双腿。这种设计是一种策略性的选择：覆盖在臀部和腿部的黑色织物倾向于淡化任何可能出现在镜头里的体型上的美中不足。"工作室仍然不喜欢黑色，"泰斯承认，"他们更喜欢灰色。他们认为黑色是沉闷的，而且无法很好地显示身体轮廓。这个配色方案非常有20世纪40年代的风格"。[17]

经泰斯、罗登贝瑞、制片人里克·伯曼和罗伯特·贾斯特曼等人反复讨论后，标准执勤制服设计逐渐变化，有时会议中有现场模特展示制服的实际效果，将泰斯的二维设计带入三维的现实世界。泰斯没有采用罗伯特·弗莱彻创作的制服设计。"鲍勃·弗莱彻是一位非常优秀的设计师，我真心这么认为，但我们的设计方式不一样，我们也没有理由按照别人的方式去做事，"他解释说，"我们就好像苹果和橙子。我个人的感觉是，如果你采用一种结构化的编织面料，并使用他所做的那种裁剪和结构，有那样子的肩缝和护肩，那这些服装看上去就好像是五百年前的服装似的。"[5]

相反，泰斯借鉴了他以前在原初系列中的作品风格，因为他和当时一样，仍然觉得服装趋势正朝着低结构化的方向发展。他设计的新制服是一件合身的连体服，非常具有冲击力。"它们由大片的氨纶制成，与泳装的材料相同，"他说，"但我用布料的内侧，即哑光的一面，作为服装的正面。这是一个简洁、不复杂的设计。"我尽量让我的设计在视觉上不要过于复杂。更简单的往往更有效"。[5]

正如他在《星际迷航：原初系列》中所做的那样，泰斯对他所

选择的面料进行了认真的考虑，并对其效果寄予重望，对于"客串外星人"的服装尤其如此。他认为，面料直接体现了一个设计在屏幕上的创新程度。"从裁剪的角度来看，面料必须易于操作，因为我们根本没有时间或金钱来做手工缝合之类的工作，"他说，"而且我试图通过特别的使用方式，让观众猜不出使用的是何种材料。我试图使设计或面料变得不寻常。一周又一周，要找到不寻常的面料和设计并不容易，所以我尽量不把这两个元素结合起来。我也喜欢从旧的服装中拆解元素。"[17]

泰斯不是那种喜欢去问连续剧的编剧们，是否考虑过某一角色的服装应该是什么样子的人。"编剧没有设计感的，他们只会老调重弹。"他毫不客气地评价，然而，这并不意味着他忽视他们的意见，"他们会提供给我一个情感概念，想要某个女演员非常性感，或者优雅安静，或者凌乱邋遢，或者野蛮野性。通常情况下，我可以从剧本中看出这一点。

"吉恩·罗登贝瑞提出了一个新的概念，认为这个节目应该关注生活质量。我尽量让这一点贯穿我的设计。"[17]

1988年，泰斯在《星际迷航：下一代》中的工作达到了顶峰，获得了他多年来无法企及的奖项：他唯一的一个艾美奖（服装设计奖）。这部剧也是他职业履历上的最后一笔；一季之后，由于健康状况不佳，无法继续工作，他离开了剧组。泰斯于1992年去世，享年61岁。

《星际迷航：下一代》将重新点燃《星际迷航》系列，以一种电影无法做到的方式扩大观众群体（尽管派拉蒙的电影部门也做得很好）。这些电影会定期吸引现有的《星际迷航》粉丝群体，而且他们常常会反复观看，因而带来了可观的收入。但电视代表了一个明显不同的收入来源。该系列每周出现在数百万家庭中，锁定了那些不认为自己是"星际迷"的观众，至少最初不是。该剧很快就成为电视广播联卖中最受欢迎的原创电视剧。工作室的高管们意识到，他们重新启动《星际迷航：进取号》的冒险已经得到了回报。在接下来的十五年里，他们还将制作三部《星际迷航》电视连续剧。

但在这一切发生之前，在该剧开始第二季之前，他们必须为《星际迷航：下一代》找到一个新的设计师——他最好能像泰斯一样具有创新精神，并且能够胜任为宇宙最后的边疆设计服装的任务。

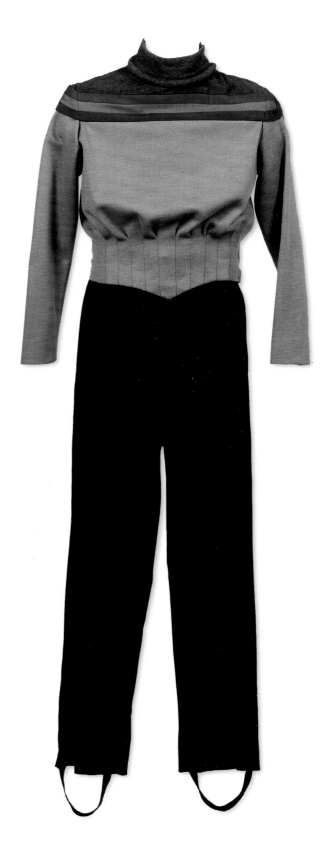

对页图和上图：卫斯理·卡拉希尔（Wesley Crusher）在第一季中的彩色毛衣。

下页图：威廉·泰斯（站在最右侧）在拍摄开始前，向制片人解释了一个接近最终方案的制服概念。从左到右，坐在沙发上的分别是吉恩·罗登贝瑞、里克·伯曼和罗伯特·贾斯特曼。

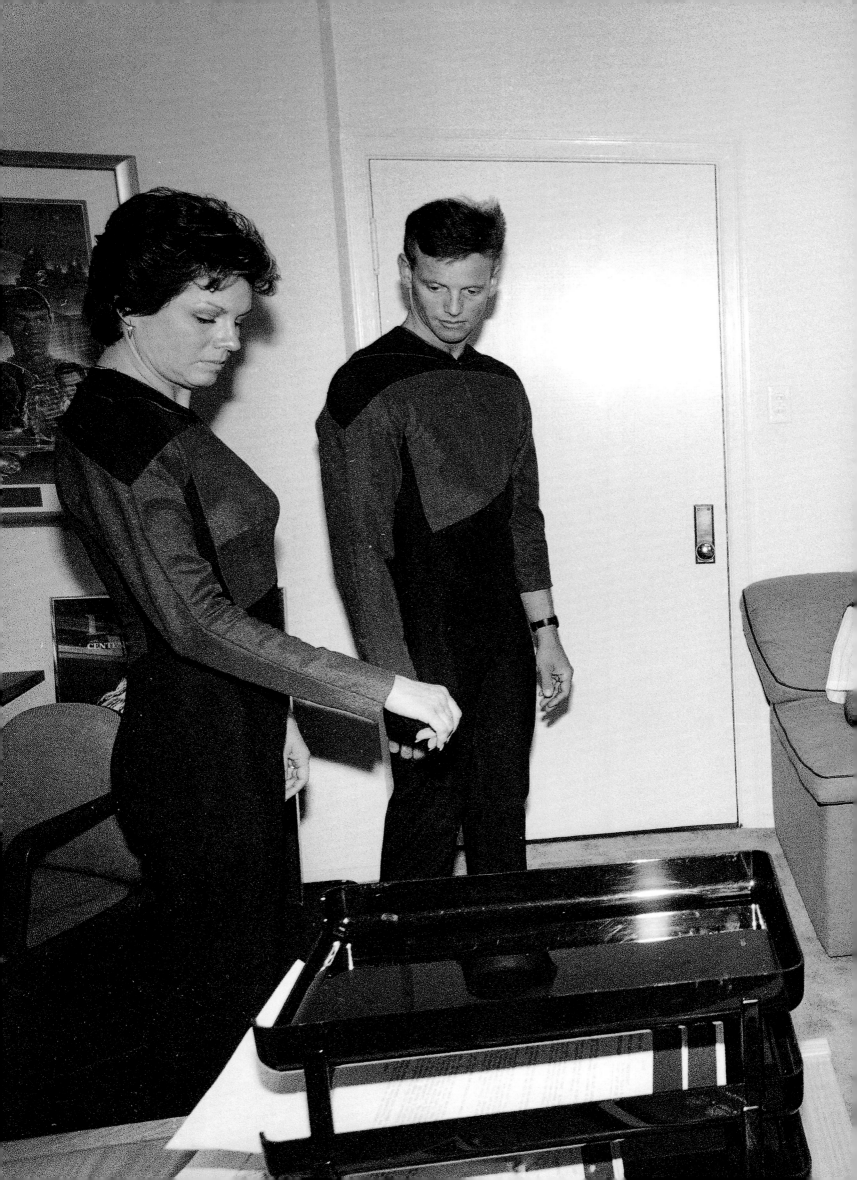

泰斯设计中的挑逗性因素

在威廉·韦尔·泰斯为《星际迷航：下一代》工作的短暂时间里，他设计的这几套服装与他挑逗性设计的名声非常相符。人们首先会想到的有两套，一套是塔莎·雅尔（丹尼斯·克罗斯比饰）在《疯狂派对》（*The Naked Now*）中穿的"准哈雷姆"女孩的服装，另一套是瑞克中校（乔纳森·弗雷克斯饰）在《天使一号》（*Angel One*）中穿的"小男友"服装。这些服饰揭示了人物的某些方面，似乎与他们的传统性格截然相反。虽然这些服装能很好地为各自剧集的情节服务，但两位演员对他们的装束并不满意。一套非常舒服，而另一套则不然。

"丹妮斯的身材非常棒，而且对于在一定程度上展现身体没有意见，"泰斯在1988年说，"她对自己的服装没有任何意见。"但他透露，乔纳森·弗雷克斯（Jonathan Frakes）对穿着紧身裤、丁字裤和暴露他男子气概胸部的宽松外衣大摇大摆地走来走去地被拍，并不高兴。"尽管如此，效果也还不错，"泰斯补充说，"因为瑞克，他本就应该对这身衣服感到不舒服。而乔纳森是一个足够专业的人，他将自己的不安用来演绎他的角色。"[5]

25年后，当弗雷克斯听到泰斯的评论时，他笑了起来。"我一直没法适应这件衣服，"他说，"我穿着那套服装的照片每周都会出现在我的推特（Twitter）回复里。那是一件不对称的衣服，露出了一侧的胸部，和我的耳饰——就是他们给我耳朵上戴的这块金属——相配。泰斯做这套衣服是为了致敬

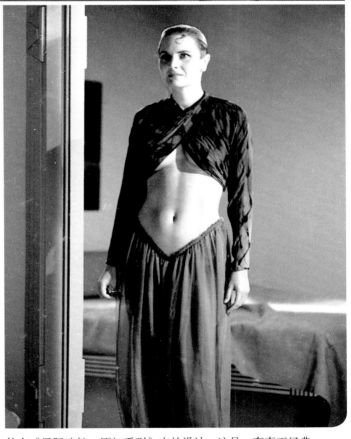

他在《星际迷航：原初系列》中的设计。这是一套真正经典的《星际迷航》服装，你可以看到，柯克也穿过那种衣服。"

事实上，在过去的日子里，柯克确实在《柏拉图的继子》（*Plato's Stepchildren*）一集中穿着他那个版本的泰斯风格的"半露胸"的长袍——非常短的长袍。这只能说明，有些东西永远不会过时。

对页图：威尔·瑞克（Will Riker）所有服装里最臭名昭著的一套：一件水蓝色雪纺的露胸宽松衬衫，搭配雪纺遮阴布和有绿色带子淡紫色的裤子。
上图：柯克和史波克在《星际迷航：原初系列》剧集《柏拉图的继子》中与强迫他们穿上迷你托加袍的念力外星人［利亚姆·沙利文（Liam Sullivan）饰］对峙。
右图：《星际迷航：下一代》《疯狂派对》一集中，塔莎·雅尔（Tasha Yar）［丹尼斯·克罗斯比（Denise Crosby）饰］穿上方便行动的装扮。

迎合大众的设计

由于这样或那样的原因，一些作品在公众认可上从未得到过积极的反馈。例如，埃德赛尔（Edsel）这款车，20世纪80年代的同类产品德罗宁（DeLorean）也是如此；新可口可乐如此，同样不受欢迎的还有水晶百事可乐；甚至苹果公司在iPad之前推出的产品"苹果牛顿"也失败了。

同样不受大众欢迎的还有斯卡特（Skant），它是比尔·泰斯为《星际迷航：进取号》舰队船员新设计的男女通用的裙裤装。这是一种短袖连衣裤，可以搭配长裤一起穿，也可以单穿；男士的版本比女士的长一点，通常与短靴搭配。像《远点奇遇》（Encounter at Farpoint）中的迪安娜·特洛伊一样，女性通常穿及膝的靴子来搭配斯卡特。

泰斯介绍说，这种斯卡特是给原初系列女队员设计的超短裙的一种延续。"让男女演员都穿裙子，则是为了消除任何可能与老剧设计有关的性别歧视指责。"他说，"男人穿裙子有可能就是四百年后的时尚潮流。即便如此，在片场通常会有问题，因为总是会有人说些俏皮话。"除了特洛伊之外，进取号的舰桥船员从未穿过这种短裙，这些制服移交给了龙套演员。"如果男女演员对他们的服装感到20%不舒服，我就不会强迫他们去穿。"泰斯说。[5]

也许是长度问题。当这种"裙子"是军官着装的一部分时，男演员们似乎并不介意套上它们。"在第一季中，帕特里克·斯图尔特和我穿过那些裙子，"乔纳森·弗雷克斯热情地回忆道，"它们非常漂亮。我们会穿着它们在传送室里迎接快到的客人。我们很享受这种感觉，不过我们只穿过一两次。"

同行的莱瓦尔·伯顿（Levar Burton ）听起来非常羡慕。"我从来没有机会穿这条裙子，"他有些忧伤地说，"我一直认为，如果能穿上它游行一个下午，那绝对很酷的。"

但他提醒说，这个短裙在片场肯定不怎么受欢迎。

"是的，"伯顿同意，他的语气严肃。然后他大笑起来："但那相当有趣！"

左顶图和左图：特洛伊［玛丽娜·赛提斯（Marina Sirtis）饰］是唯一穿着不受欢迎的斯卡特出现过的常规演员。
对页图：瑞克（Riker）在第一季中穿的制服。

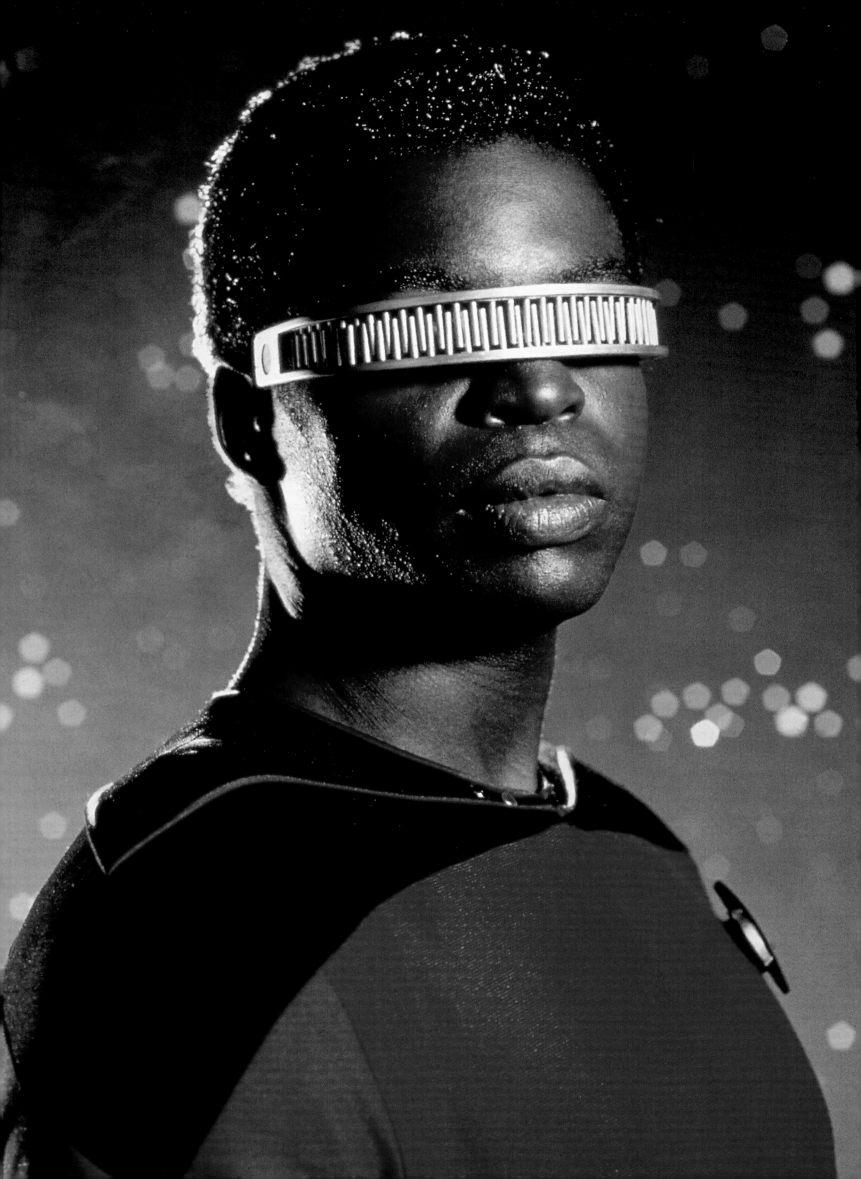

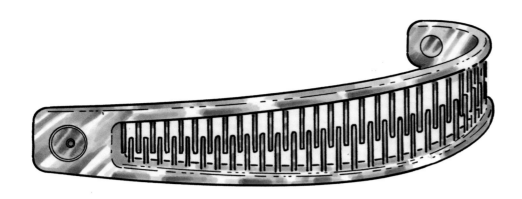

乔迪的护目镜

"那个护目镜，"莱瓦尔·伯顿轻声说，"关于那个'美妙的视觉器'，我还能说什么呢？"

他听起来可不太开心。护目镜（VISOR）是视觉仪器与感官替代物（Visual Instrument and Sensory Organ Replacement）的首字母缩写，听起来就是让人头疼的物件。通过一个由法兰盘和螺钉组成的装置，剧组把这个护目镜固定在伯顿的头上，多年来，护目镜每天都对他的太阳穴施加持续的压力。显然，佩戴它并不是一件令人愉快的事。

除了带来身体不适，从表演的专业角度来看，护目镜也拖了后腿。演员们表达自己不只是通过声音。好的演员可以通过嘴唇的抽动、迅速皱起的眉头，尤其是眼神，向观众传达一种可识别的情感。

"里克·伯曼一直坚持认为，护目镜是一种以视觉方式向观众传递24世纪的技术先进水平的方法，"伯顿说道，"我同意这一点。它确实达到了这个目的。无论在过去还是现在，其本身还是对于这部剧，它都是标志性的。它是《星际迷航：下一代》的一个标志性符号。

"但遮住演员的眼睛真的很不公平。"他停顿了一下，让这句话沉淀下来，然后继续说："然而，多年来我与影迷的经验是，尽管有这种明显的障碍，人们对乔迪·拉弗吉（Geordi La Forge）的身份有非常清晰的认识。这对我来说意味着，在某种程度上，我能够克服和弥补我眼睛被遮住的问题。为此，我非常感激。"

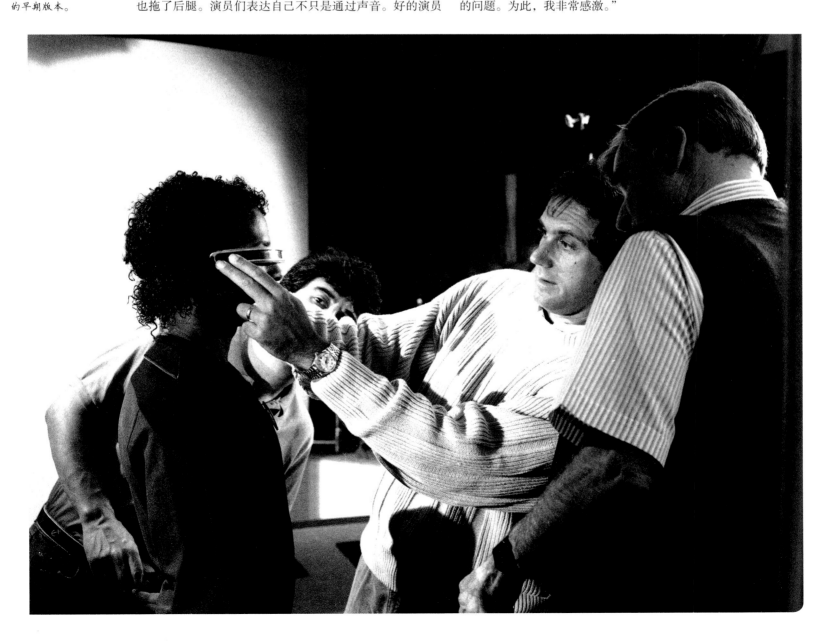

星际迷航：
下一代
第二季

STAR TREK:
THE NEXT GENERATION
SEASON TWO

上图：卫斯理在第二季的服装，感谢杜琳达·赖斯·伍德，这套衣服更适合一位在舰桥上服役的军官。

对页图：杜琳达·赖斯·伍德绘制的卫斯理要穿的新服装概念草图。

第一季结束后，威廉·韦尔·泰斯宣布他将离开《星际迷航：下一代》，并开始寻找他的继任者。

杜琳达·赖斯·伍德加入进来，她曾就读于加利福尼亚艺术学院和纽约巴德学院，并在耶鲁大学戏剧学院获得了戏剧和电影设计的硕士学位。伍德的教育背景，在戏剧方面的经验及她对科幻作品要求的熟悉——她曾为电影《复制人》（The Clonus Horror）和《世纪争霸战》（Battle Beyond the Stars）设计过服装——表现出她有制作人要求的各种综合技能。于是在第二季开始时，剧组就聘用了她。

"我当时很年轻，"她回忆说，"我不想做这个。我担心他们没有时间、没有钱来做好这部剧。但是里克·伯曼（执行制片人）一直坚持向我发出邀请，而且他真的很有说服力。最后我实在太喜欢他们了，还是同意加入了剧组。他们简直向我承诺了整个世界。我在剧组待了一年，但最后我感到失望。我们创造出了非常棒的作品，但很多时候，观众只能看到领口以上的部分。我认为我们做了很多工作，人们却看不到。所以我又回去做电影领域的工作了。"

不过，伍德在《星际迷航：下一代》的那一年中，她所做的工作受到了广泛的关注。她为可怕的博格人——《星际迷航》中最受欢迎的反派人物——所设计的巧妙服装，将影响到该系列的所有后续设计师，也影响了她在以福尔摩斯探案为原型的模仿剧，她在《星际迷航：下一代》电视剧《福尔摩斯》（Elementary, Dear Data）一集中的工作，为她赢得了1989年艾美奖的杰出系列服装设计提名。她将特洛伊顾问（玛丽娜·赛提斯饰）在第一季那种尴尬、相当不讨好的服装，变为了优雅、流畅、充满女性美感的样子，特洛伊在之后几季中一直保持了这样的装扮。

"我为特洛伊重新设计了一套服装，因为我真心觉得，她可以看起来更好，"伍德说，"我去了玛丽娜女士的家，带了各种有不同领口的衣服。最终我们为她设计了那个更深的V字领，这种设计比之前的有魅力得多。"

伍德还为《星际迷航：下一代》的外星人酒保盖楠（Guinan）[乌比·戈德堡（Whoopi Goldberg）饰]确定了基本造型，并为见习少尉卫斯理·卡拉希尔[威尔·惠顿（Wil Wheaton）饰]设计了一套风格更成熟的外观。也许更重要的是，她让少尉摆脱了第一季中他最常穿的那件宽大的多色毛衣。她骄傲地说："从那时起，卫斯理开始有了自己的风格，他有了自己的制服。如果我能够重做所有的制服，我想看起来会和卫斯理的制服相似。"

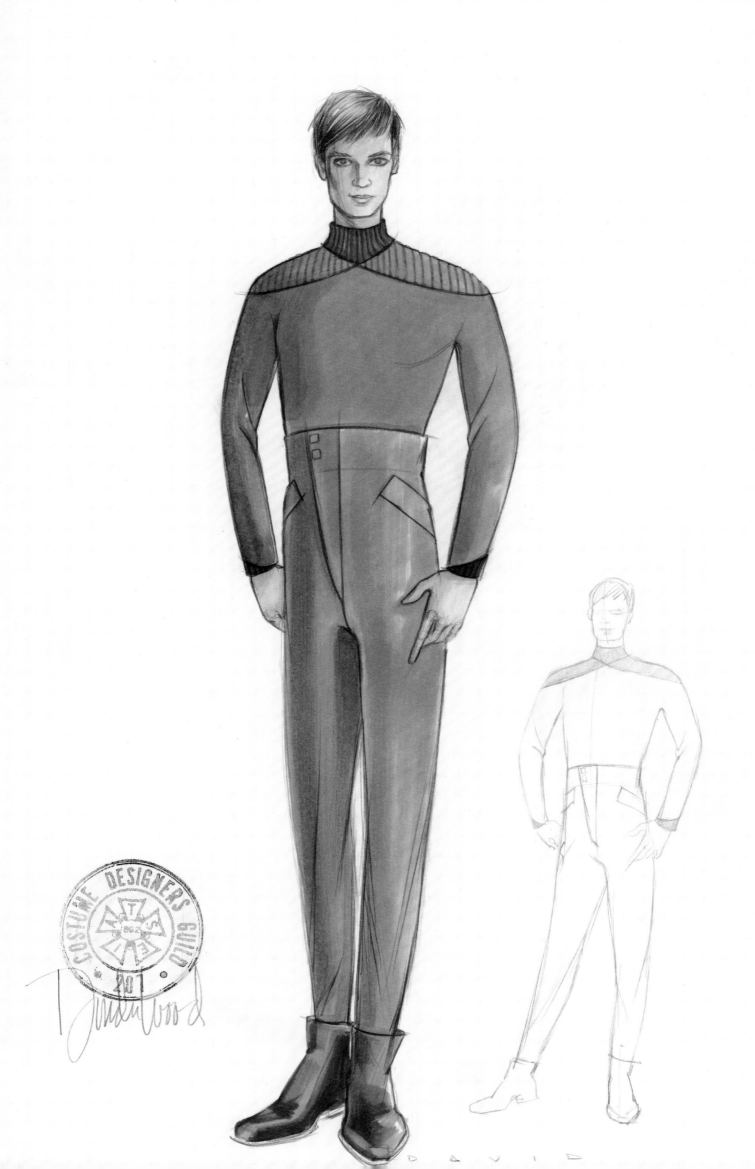

DAVID

DAVID

但这是伍德不能做的事之一。"我实在很想重做那些制服。我进剧组时，就跟制片人这么说，但在这些制服上，他们已花了很多钱。"他们说他们没有预算再重新设计和制作了。"于是，泰斯设计的这些奇特的服装被保留了下来。对于这些服装应该如何展现在屏幕上，伍德收到了非常明确的指示。"里克·伯曼明确要求'禁止出现褶皱！'他不希望看到任何衣服上出现任何一点褶皱。他会拿着放大镜到处看，"她开玩笑说，"这就是为什么他们在裤子上做了踩脚松紧带，因为这样衣服从肩膀到脚底就都绷得直直的了。"

向乔纳森·弗雷克斯提到这些制服——或者按剧组成员倾向于使用的称呼——"太空西服"时，这位演员发出一声沮丧的呻吟。"它们是涤纶弹力服，裤子是踩脚的，"他解释说，"因此，每次在拍摄间隙，如果我们把踩脚的松紧带从脚跟下面放出来，我们都能感觉放松一些。正是这个松紧带让整套服装的线条这么流畅。整件服装没有接缝，没有口袋，只有脖子上的一条拉链。这很荒唐。我不止一次难受地想把它们扯掉。在这份工作中，那件宇航服是我最不喜欢的部分。"

在第二季结束时，伍德决定不再续约："我很高兴参与了这个节目，很高兴能有这些经历，去制作所有这些服装，和这么棒的工作室一起工作。这是一个很好的团队，从上到下都是如此。"

她清楚地知道应该推荐谁作为继任者。"从大学毕业后，我在太平洋表演艺术学院工作，"伍德回忆说，"罗伯特·布莱克曼曾经在那里从事设计工作，那时我是另一位设计师的助手。我认识鲍勃，我知道他的设计作品，我知道他非常擅长自己的工作。他们当时有几个人选，但我告诉他们：'鲍勃就是那个人。'他是他们的完美人选，因为他有一种奇妙的能力，能看到大局，并能快速地进行大规模生产，而且他看起来对此乐在其中。"

伍德为她对《星际迷航：下一代》的贡献感到自豪，但她不得不承认，她的继任者一进门就成功地超越了她。"那些制服真的很困扰演员们，"她说，"我想，他们的抱怨让里克（伯曼）扛不住了，最终他们还是更换了制服。而鲍勃，"她叹了口气说，"鲍勃得重新设计制服！"

对页图：正如这幅概念图所显示的那样，杜琳达·赖斯·伍德强调了迪安娜·特洛伊顾问更加女性化的一面。
右图：特洛伊服装的最终样式。

博格人的起源

"制片人告诉我们，他们想要一个新的'宇宙反派'。通常情况下，我们有一周的时间来进行设计。但他们知道，创造终极反派将是一个相当长的过程，所以他们给了我们两周时间。这并没有什么帮助，因为我们手头上总是同时进行拍三集的工作。我们要给前一集收尾，拍摄当前一集，并为下一集做准备。现在，在这个时间表的基础上，我们还必须开发博格人的设计。"

"他们给我们的唯一指示是，他们希望博格人是可怕的，而且相当一致，因为这种一致会增强其可怕程度。他们还希望他们是无性别的，因为那也有点可怕。我已经厌倦了当时科幻电影中突出的流线型、不锈钢的'恐怖'概念。我想展示一个丑陋的有机体，展现出反派丑陋的本质，毫无人性的一面。我这么做是受到瑞士超现实主义艺术家H.R.吉格尔（H.R. Giger）作品的影响。

"当你设计《星际迷航》时，你必须考虑到因果关系。你不能只考虑他们的外表；你必须考虑他们为什么会有这种

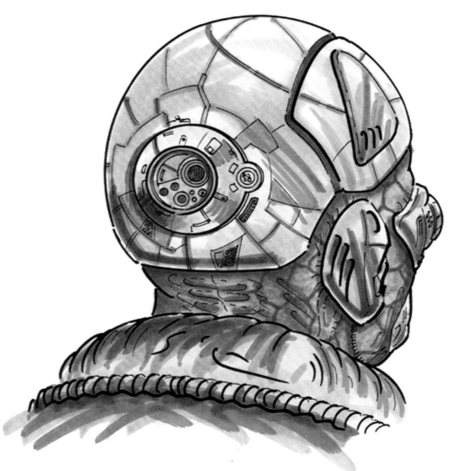

身体部件会有磨损，所以他们时不时用机械部件替换身体。我认为重要的是，要表现出他们的磨损程度不一样，所以有些博格人会有机械眼睛装置，有些会有人造腿或人造手臂。

"当我画出一个博格人设计图后，我们把它送到外面一些地方去做身体部位的模具。他们都说：'一个星期内，我们肯定干不完！'幸运的是，我找到了一家可以快速生产的公司，他们已经有了一些身体部件的模具，有躯干部分，还有一些腿部零件及其他一些部件。

"我开始花很多时间在五金店工作。我们在那里找到了很多零件、塑料管和一些零星的东西，可以给它们上色，然后把它们拼装在一起。我们决定把骨架放在前面，然后让管子从里面伸出来。

"我为每个博格人绘制了不同的图纸，因为他们每个人都有不同的人造部位。我围绕着一种叫作'爆米花氨纶'的织物（一种带有花纹的针织材料，由多个小圈圈形成一个松软的表面）开发了一个系统，它可以粘住尼龙搭扣。我们可以在所有的管子和硬件部件后面加上尼龙搭扣，这样它们就会粘在服装上。缺点是，这意味着所有的部件都是独立的。你必须每次都以同样的方式重新组装它们，以确保前后一致。因此，每天晚上拍摄结束后，我们会把这些套装挂起来，并把每个角色的所有部件放在单独的塑料袋里。第二天早上，当我们把服装穿回演员身上时，必须重新组装它们。幸运的是，我有一些很好的助手，他们对工作很投入，也很热爱这份工作。

"在鲍勃·布莱克曼接管服装部门后，他能够弄到大量完整的博格身体产品，所以他负责的服装都是一体化的，这样博格人就继续进化了。"

——杜琳达·赖斯·伍德

左上图：杜琳达·赖斯·伍德帮助博格人穿上衣服，以备该物种首次亮相。

上图：虽然伍德设计了博格人服装的基本样式，但技术细节则需要艺术部门的成员如插图画家里克·斯特恩巴赫来负责。

对页图：伍德设计的早期博格人概念图。

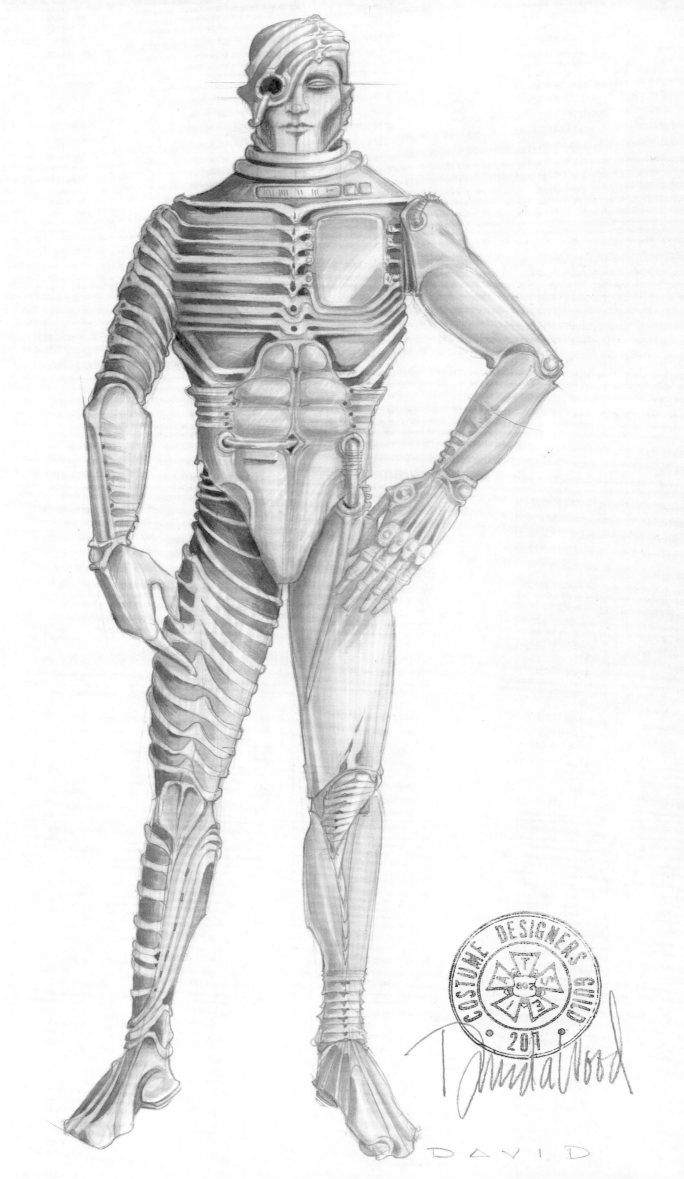

DAVID

贯穿整个系列的肩带——沃尔夫的配饰

好奇的人想知道：沃尔夫的第一季肩带是《星际迷航：原初系列》中的神圣遗物吗？

"这个问题一直有人问我，"罗纳德·D.摩尔（Ronald D. Moore）说，他曾经是《星际迷航：下一代》剧组的一个实习编剧，最近担任《太空堡垒卡拉狄加》（*Battlestar Galactica*）和《外乡人》（*Outlander*）的执行制片人，（而且，不可否认的是，他仍然是《星际迷航》的忠实粉丝。）"总有人跟我说——我也不知道是真是假——沃尔夫所戴的肩带，实际上和《仁慈的使命》（*Errand of Mercy*）中科尔（Kor）这个角色所戴的肩带是同一条。这是真的吗？"

这个经常被重复的故事是：在《星际迷航：下一代》第一季中，威廉·韦尔·泰斯为沃尔夫的服装找到了完美的配件：这是一个可以追溯到《星际迷航：原初系列》中克林贡人服饰的丝带，或者也可以叫肩带。这个故事中，这部分内容应该是准确的。然而，究竟当时是哪位克林贡人佩戴了这条特殊的丝带，这部分的事实已经消逝在了时光里。它可能属于科尔〔由约翰·科力可斯（John Colicos）在《仁慈的使命》（*Errand of Mercy*）中扮演〕或肯（Kang）〔由迈克尔·安萨拉（Michael Ansara）在《和平鸽之日》（*Day of the Dove*）中扮演〕……或以上两者，假设泰斯只是选择让两个角色重复使用同一条金色织物，而不是制作一个额外的丝带的话。

无论如何，到了《星际迷航：下一代》第二季，老克林贡人的"遗产"已经出现了严重磨损的迹象。因此，杜琳达·赖斯·伍德为沃尔夫制作了一个新的肩带，这条新的肩带可以承受克林贡人最活跃的生活方式。"我知道它需要看起来更重，更有分量，"她说，"我还想重新设计它的颜色。所以我去了五金店，并在那里度过了一段美好的时光。我一直觉得五金店是我的朋友。我在那里花了很多时间，用来翻看一些小的金属片和小工具。我找到了一些很棒的小零件，能把它们组装在一起，还有一些自行车链条，我们在上面穿上一些皮革条。"

伍德指出，扮演沃尔夫的演员迈克尔·多恩（Michael Dorn）"开始使用这条新肩带时心情复杂。他对原来的肩带很有感情。"她若有所思地笑了笑，"但我认为，他最后还是喜欢上了那个新的版本。"

左图：沃尔夫第一季穿的《星际迷航：下一代》制服，戴着原初系列里的肩带。

中下图和右图这两图对照显示，沃尔夫的肩带可能是——也可能不是——与早期的名为科尔的克林贡人（约翰·科力可斯饰）所戴的同一条。

对页图：沃尔夫第二季中的制服，他戴着杜琳达·赖斯·伍德设计的新肩带，由铝和灰色皮革制成。

今天是妆发，明天是盖楠

这一切都是从那些脏辫开始的。

"乌比·戈德堡在第二季中被选中扮演盖楠，"设计师杜琳达·赖斯·伍德回忆说，"我们希望她的角色有点中性和俏皮。她独特的发型非常有辨识度：它向前倾斜，耸立在她的脸上方。当然，她希望保留她的头发，所以我们决定用一些东西盖住它。我看到了一个时装设计师的作品，他使用了弹性纤维和环形的设计元素，我想：'这可以用来做盖楠的帽子！'我真的很兴奋，因为我可以设计出如此有趣和不同的东西，而且很好玩。"

伍德为戈德堡制作了几种帽子，有些是水滴形的，有些是圆形的，而且都是用氨纶制作的。"这是一个出于时尚设计的选择，"伍德指出，"而且它很有效。我买了一些用于制作有箍衬裙的撑箍，用它做成一个钢丝框架。所以她的帽子非常轻。只由氨纶和金属环构成。"

"至于颜色，都是我做的决定。我依靠自己对色彩的敏感性选择了它们，因为……"伍德这么说的时候她的眼中闪过一丝嘲弄的责备，"……我不想重新设计制服！"她笑着说："我选出了很多组色卡，并把它们放在乌比旁边，看看哪一个看起来最好，因为服装应该与穿着它的人融合在一起，而不是成为焦点。我不想让服装的颜色显得突出，而让人们的注意力无法集中在她的脸上。"

"在拍摄快要结束时，她的头发越来越长，她觉得自己头上有点紧，"伍德回忆说，"所以我们开始把氨纶帽做大。然后，在鲍勃·布莱克曼负责服装时期，整个帽子都变大了。"

"在第三季，我把这些帽子给去掉了，"布莱克曼证实说，"我认为它们太小了。我想让它们能真正衬托出她的脸。我们在她的辫子上戴了一顶头盔，让辫子从底部出来，所

对页图：杜琳达·赖斯·伍德绘制的盖楠（乌比·戈德堡饰）的早期概念草图，此图是设计师了解到氨纶和衬环之前所做。

上图和右图：两件为盖楠所做的宝石色外衣和配套裤子；戈德堡在盖楠的第一次出场时［《星际之子》（*The Child*）一集］，穿着紫色的套装。

左图：在罗伯特·布莱克曼做服装师的时期，他做了一个更大的头盔来容纳戈德堡的长发［如在《幻音追踪》（*Hollow Pursuits*）一集中所见］。

以我觉得我们需要在她头顶做大量工作。我向执行制片人里克·伯曼提出了把盘子做大的想法，他同意了。我们尝试了许多原型，最后决定采用最大号的，也就是我们后来所说的"披萨帽"。

当然，一顶帽子不可能是服装的全部。伍德很早就知道，她说："乌比讲究舒适，所以她喜欢大号的服装。"当布莱克曼踏上工作岗位时，这种偏好也延续到了他身上。

"我和乌比见面时，谈论了什么对她来说是舒服的，"布莱克曼说，"她是个要求不高的人。她唯一的要求是，我们不让她穿任何紧身的服装。所以我开始在服装的面料上下功夫。因为她有世界上最美丽的肤色，我们保持了她服装的宝石色调，并且使用了一些非常美丽、奢华的面料。

"她看起来一直非常可爱。"

下一代

第三季至第七季

STAR TREK:

THE NEXT GENERATION
SEASONS THREE THROUGH SEVEN

下图：一个以全息甲板里冒险为主题的剧本点醒了罗伯特·布莱克曼，他将舰长皮卡德（帕特里克·斯图尔特饰）装扮成一个法国卫队的火枪手。

对页图：布莱克曼为星际舰队新制服所做概念图（左）；特洛伊的露肩长袍在《代价》（The Price）一剧中首次出现（右上）；还有《忠诚》（Allegiance）一剧中出现的两个仿生人角色（右下）。

罗伯特·布莱克曼在德克萨斯州休斯敦长大，他总觉得自己有点不合群：害羞，不喜欢在课堂上站起来演讲。直到有一天，他发现学校有戏剧系。他说："这就像，啪—地一下，一扇我从未预想过的门打开了。"突然间，他发现自己走上了一条可以出人头地的职业道路。

当地一所拥有活跃戏剧系的初级学院里，他崭露头角，考入德克萨斯大学，然后进入耶鲁大学戏剧学院，在那里他学会了"要比目标达到的更远，要比你实际能抓住的更远，这样你就会不断地挑战自己，"他回忆说。他的第一份专业工作是为新罕布什尔州的朴次茅斯戏院设计夏季演出服装。"九周内有八场演出。这很疯狂，但我学到了很多。"

他在旧金山的美国音乐戏剧学院住了六年，同时在太平洋表演艺术学院做夏季戏剧，在那里他遇到了《星际迷航》未来的服装设计师杜琳达·赖斯·伍德。不过，到1983年底，布莱克曼已经准备好迎接新的挑战，一位朋友建议他向南到洛杉矶进入电影业寻求发展，在那里他会遇到更多的挑战和更大的回报。他的第一份工作持续了18个月，在普利策奖获奖剧目《晚安，母亲》（Night, Mother）的电影版中，他担任该片的服装设计师。

几年后，布莱克曼结束了作为情景喜剧《日复一日》（Day by Day）的服装设计师的任务，这时派拉蒙服装部的一位朋友告诉他《星际迷航：下一代》有一个空缺。就像刚刚离开该职位并推荐他接替她的杜琳达·赖斯·伍德一样，布莱克曼不确定他是否想要这份工作。"我在过去的20年里一直在做古装历史剧，以19世纪为背景，"他回忆说，"我为什么要去研究24世纪的事情呢？我对未来一无所知。"

但显然，他命中注定要做这份工作。在接下来的16年里，他为《星际迷航：下一代》和《星际迷航》系列的其他作品工作。当人们问起他最初的挑战时，布莱克曼回答说："有些是关于风格的。我有很多技巧。我曾做过很多版本的莎士比亚戏剧和舞蹈服装——这也是《星际迷航》的特点：舞蹈服装和历史服装的结合，基本上是'紧身上衣和男士紧身裤'。这部分并不难做到。"

适应科幻小说的思维方式需要更长的时间。但在主导《星际迷航》的服装设计16年后，对该系列剧服装遗产的影响，布莱克曼也许比任何人都大。他几乎为每一个来过派拉蒙摄影棚的外星物种都设计过服装，并与每一个星际舰队的船员合作过，包括《星际迷航：原初系列》中的史考特和史波克先生，他俩分别在《星际迷航：

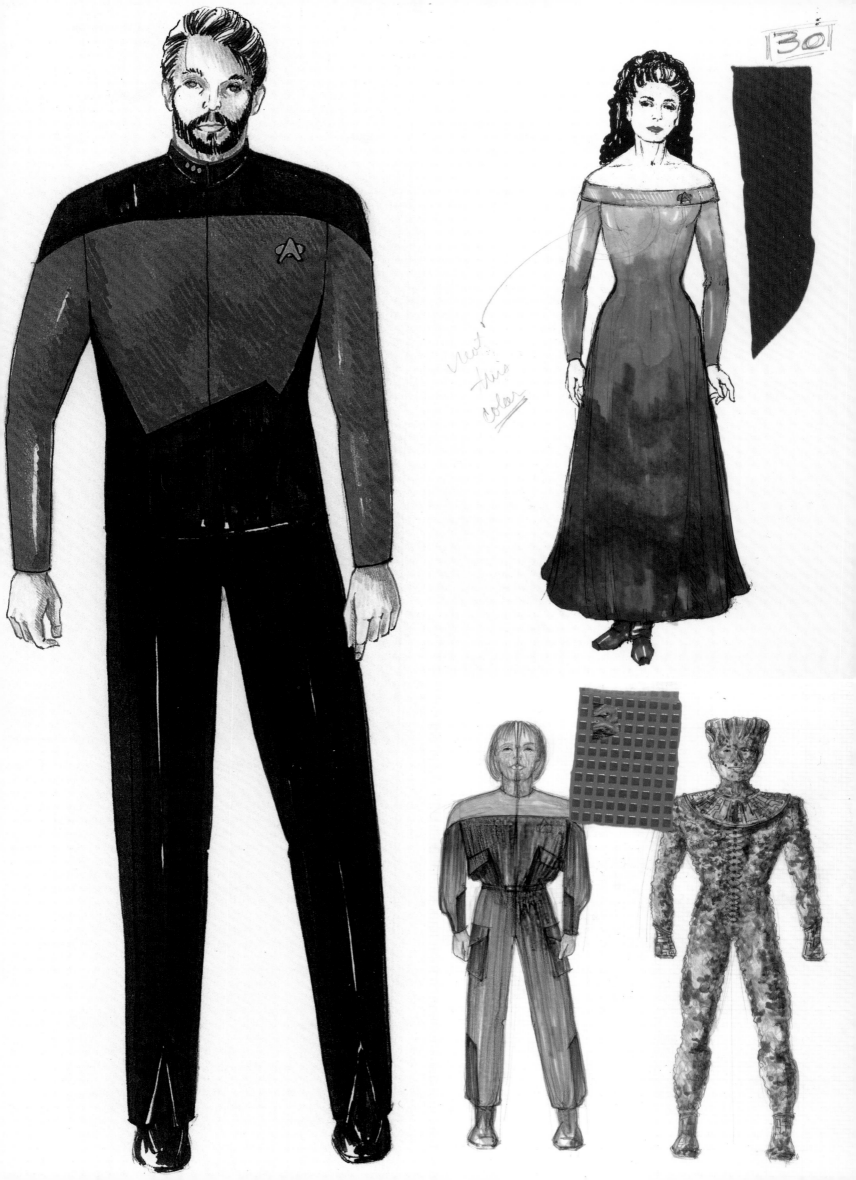

not this color

下一代》里的《遗迹》（Relics）和《统一》（Unification）两集以及
《星际迷航：斗转星移》电影中的柯克和契科夫。但也许没有任何制
服能像在《星际迷航：下一代》系列电视中的第一个任务那样，为
布莱克曼赢得如此多的内部赞誉，这个任务就是，重新设计威廉·韦
尔·泰斯那件臭名昭著的、令人难受的星际舰队制服。

"我面临的挑战是，"布莱克曼说，"把［演员］从他们所穿的弹力
服中解放出来，让他们穿上更舒适、更有贵族气质的服装。在剧集之
前，我就开始着手进行这项工作了，大约在他们开始拍摄［第三季］
的两个月之前。当演员们从拍摄空当返回时，我就准备好了原型。"

旧制服的问题源于泰斯选择的材料类型，以及对该材料的使用
方式。"大片的氨纶材料会从一边延展到另一边，或者从上到下展
开，这取决于你如何裁剪服装。"布莱克曼解释说，"而这些制服的
裁剪方向反了。从头到脚，他们走线的方式都不对，所以这些服装

会经常翻转过来,(而由于反作用力)这些服装也不断地缩短。这样,肩膀不着力,却对演员身体持续施加压力。他们每天要穿着这样的服装十二到十五个小时。他们非常不喜欢这些服装,穿起来不舒服,很热,而且会有体味。"

"鲍勃设计的两件式制服带来了巨大的变化,"莱瓦尔·伯顿叹息着评论道,"对身体来说,那件聚酯氨纶弹力服简直是地狱。新的制服确实使生活变得更容易忍受了。"

"一开始,我们试图制作看起来像连体服的两件套,但如果使用羊毛华达呢的面料的话,"布莱克曼解释说,"那就行不通。每个人的体型不同,这就会出现一些问题。因此,我们很快就不得不在拍摄时提出另一个概念并修改服装。实际上,在第三季的第一部分,你会看到,制服的形状在这个设计过程中发生了变化。那时候,我有点喜欢上了艾森豪威尔(Eisenhower)夹克。我们借用了它的外形,把制服设计成一种宽松的外套,前面是平的,但侧面和后面有一点褶皱,在后面装一条拉链。这就是男性制服的雏形——华达呢裤子和夹克。"女队员的制服也有类似的外观,但和以前一样,还是弹力紧身衣(布莱克曼说女队员们更喜欢这种样式),不过,经过重新设计,新制服比原来的制服要舒适得多。

"新制服是漂亮的华达呢夹克,"乔纳森·弗雷克斯(Jonathan Frakes)说,"但我们还是没有口袋。我永远不会忘记,[执行制片人]里克·伯曼给我打电话,他说:'你看起来很胖。你不能变胖。你得去健身。'我想:'如果我穿的是普通的三件套,你永远看不出来我有多胖。'当然,我总是把这点怪罪在服装上,而不去怪罪炸鱿鱼圈。"

在拍摄《星际迷航:下一代》和随后的三部《星际迷航》系列时,有一件事使布莱克曼的创造力达到巅峰状态,那就是他可以在自己的工作间自由发挥,有时他把工作间称为实验室。"第二年之后,他们想让我回来,我当时有点犹豫,"他说,"我去找里克[伯曼]说,'你知道,在这个非常棒的工作室,我的状态非常棒,可以做出任何东西。但我得坐下来,去思考如何让这些面料脱胎换骨。我得做一些尝试,有时候会使用一些非常奇怪的材料。在某些情况下,我想要进行更大胆的尝试,承担更高的风险。我只是想有一个安全保障,如果在二十六集里,我有三四集失败了,那也没关系。总之,如果你不尝试,你就无法成长为一个艺术家。'

"而里克的回答是,'没问题'"。

对页上图:第三季后,船员们穿上了新制服。
对页下图:罗伯特·布莱克曼展示了他以后准备重新设计的一件制服,这件制服是比尔·泰斯原先做的。
右图:玛丽娜·赛提斯为布莱克曼在《代价》一剧中,为她的角色设计的礼服做模特(见本书第127页概念草图)。

象限中最经典的贵妇——罗珊娜·特洛伊

观众在《星际迷航：下一代》第一季中见到了迪安娜·特洛伊顾问古怪的母亲罗珊娜（Lwaxana）。直到第三季加入该剧担任服装设计师时，罗伯特·布莱克曼才见到她，但他很快就对罗珊娜和扮演她的女人马杰尔·巴雷特（Majel Barrett）产生了一种特殊的好感。"我真的很喜欢马杰尔，"他说，"我和她在一起的时候非常愉快。她是一个优雅的贵妇人。"

女演员马杰尔·巴雷特通常被称为"星际迷航第一夫人"，在生前制作的每一部《星际迷航》系列电影中，她都发挥了作用。巴雷特1969年与《星际迷航》的创造者吉恩·罗登贝瑞结婚，直到1991年罗登贝瑞去世，她曾在《星际迷航》的第一个试播集《囚笼》中扮演进取号上不苟言笑的大副，被称为"一号"，随后在《星际迷航：原初系列》中扮演护士克莉丝汀·夏培尔（Christine Chapel），并在《星际迷航：无限太空》中配音。后来，作为夏培尔医生，巴雷特在几部电影中扮演这个角色。最重要的是，她在每一部《星际迷航》电视剧和电影中，都为星际舰队的舰载计算机提供了独特的配音，包括J.J.艾布拉姆斯的重启版，这是她在2008年去世前的最后一次表演。

然而，她在《星际迷航：下一代》中扮演的罗珊娜·特洛伊，可能是粉丝和布莱克曼印象最深的人物。"当你谈到她时，你想到的第一个也是唯一的短语就是'欢乐梅姑'，"布莱克曼笑着说，"她是一个古怪的母亲：博学多才、善于交际、总是忙忙碌碌，想要尝试一切。罗珊娜是古怪的波希米亚富婆，她会一时兴起做任何事，只是为了获得体验。

"罗珊娜能够买得起她想要的任何服装，"布莱克曼说，"因此，我想给她一个非常宽泛的服装谱系。当我上任后，演员马杰尔和我开始交谈，然后我为她做了几件让她非常惊喜的事儿。她看完后，就任由我全权处理。她的腿很美，锁骨和肩膀也很美，所以我倾向于突出它们。事实上，我花了很多时间来强调它们。这样，我们才能创造出一些非常奇特的衣服。"

布莱克曼将在《星际迷航：下一代》剩余时间里继续给离谱的特洛伊夫人提供服装，同时也为巴雷特在姊妹剧《星际迷航：深空九号》（Star Trek: Deep Space Nine）中扮演的角色设计服装。

从左上角顺时针方向的图片有：《囚笼》此集中的一号；布莱克曼为《星际迷航：下一代》系列电视中的罗珊娜·特洛伊绘制的服装效果图；《星际迷航：原初系列》中夏培尔的制服：护士克莉丝汀·夏培尔；以及剧集《特洛伊的麻烦》（Ménage à Troi）中的罗珊娜。
对页图：罗珊娜访问深空九号空间站。

卡玛拉

在法语中，soufflé 这个词的意思是"呼吸"。在布料中，它意味着"轻如空气的透明织物"，这就是它经常出现在芭蕾舞和舞蹈服装中的原因。在过去的几十年里，人们生产了一种名为"裸色舒芙蕾"（Nude Soffle）的织物。它编织得非常紧密，弹性非常差，但有很好的记性，因此它可以用于舞蹈和滑冰服装，无论穿着者如何移动，都能保持其形状。今天，让世界各地的服装设计师感到沮丧的是，裸色舒芙蕾已经很难找到。

幸运的是，当一个名为《完美伴侣》（*The Perfect Mate*）的剧本落在他的桌子上时，罗伯特·布莱克曼手上正好有一些这种材料。"标题如此，说明这个角色在各方面都需要做到完美，包括她的衣着，"布莱克曼说，"所以我决定，她到达进取号时应该是盛装打扮的，于是我就设法做出了最复杂的设计之一。这是我第一次尝试，在不露出任何演员身体部位的情况下，做一些非常感性甚至性感的东西。"虽然布莱克曼对他要给女演员穿什么服装已经打好了腹稿，但他还需要一个确定的女演员来穿上它。

"法米克·詹森（Famke Janssen）是在下午五点半左右定下来的，而她必须在第二天早上六点半就开始工作，"布莱克曼说，"在那天晚上六点，我们找到她，给她量了尺寸，并连夜制作了礼服。我给她穿了一件闪光的灰色雪纺，它几乎是透明的，所以它必须穿在连体衣外面。我用肉色舒芙蕾做了一件，因为当你把它放在皮肤上时，面料就会消失。我的计划是让雪纺在需要打褶的地方打褶，在不需要的地方不打褶。此外，很多面料上缝褶裥都必须打开对折。

"我设计这条裙子的方式是，我让员工中的一组人制作裙子，一组人制作中腰，一组人制作肩部和衣领。在最后阶段，所有部分都必须连接在一起，当我一大早离开房间时，它仍然是碎片。对我来说，最神奇的时刻是法姆克穿着它来到片场的时候。她看起来身价百万。从轮廓上看，所有适当的地方都被遮住了，但裙子是完全透明的，你可以看到她身材，玲珑有致。

"我必须感谢［执行制片人］里克·伯曼选择了法米克，她曾是一个模特，她知道如何穿服装。如果不是她来演戏的话，那件服装可能就没有那么漂亮了。"

《完美伴侣》（*The Perfect Mate*）的中心内容是一场结婚仪式。法米克·詹森的扮演的角色卡玛拉（Kamala），是一位来自克里奥斯（Krios）的美丽女子，嫁给了小沃特星（Valt Minor）的总理阿尔里克（Arilk），希望能将两个世界联合起来，恢复他们之间的和平。"我们有三四天的时间来制作婚纱，"布莱克曼说，"我认为阿尔里克那边的人是相当谨慎的。尽管他们的工作是为了找到完美的伴侣，但拘谨仍然是阿尔里克和他族人的主要特征。我给阿尔里克所在星球的大使设计了一顶有趣的帽子，这顶帽子有点像东印度的尼赫鲁帽。我给阿尔利克和他的大使穿上五颜六色的漂亮锦缎外衣和裤子，然后让他们在肩膀上戴上一

条奇怪的腰带，这样他们就不能真的走动了。就仿佛他们被自己的礼节和自身环境所束缚一样。这是我的想法，使服装看起来不同，这样就不会有人认为：'哦，瞧，又是一件锦缎外衣。'"

然后是卡玛拉的婚纱，它还得符合她作为"完美伴侣"的身份。布莱克曼心中有一个设计。"当想到高级时装时，我有时会设想现在的潮流，有时会设想过去的潮流。我此前一直在翻阅一本关于巴黎世家（Balenciaga）的书，非常美丽。他是20世纪初的一位西班牙巴斯克时装设计师。他有一件服装我非常喜欢，所以设计卡玛拉的长裙时，我以它为基础。长裙由白色和金色的锦缎制成，腰线下垂，前面有点高，后面倾斜向下。它周围有很多颜色深浓的地方，在后面有一点裙摆。在裙子下面，我们让法米克穿了一件金色的金属蕾丝连体衣，这件连体包括了手臂，甚至覆盖了她的手。我们让法米克·詹森戴了手套。然后，"布莱克曼说，"我们把裙子像手套一样套在她的身上。"

这是一件为完美新娘所做的完美礼服。

对页图：灰色褶皱雪纺覆盖在肉色舒芙蕾上。经过大家一夜的苦干，为《完美伴侣》中卡玛拉创造了可爱的礼服。

上图：卡玛拉（法米克·詹森饰）成为完美的新娘：一个穿着白色蕾丝的倩影，甚至诱惑了让一吕克·皮卡德（Jean-Luc Picard）。

左上图：金色的含金蕾丝紧身衣隐约露出礼服中的斜肩上方。

中左图：金色镶边的织绵勾勒出臀部线条。

左下图：透过披着的白色婚纱，可以瞥见礼服的背面。

右图：卡玛拉的婚纱，由罗伯特·布莱克曼根据巴黎世家的设计制成。

对页图：让卡玛拉身着传统的结婚礼服，布莱克曼把"自由的精神"传达给新娘，去除了她的个人身份。

石川惠子的婚礼和服

石川惠子（KEIKO ISHIKAWA）［赵家玲（ROSALIND CHAO）饰］住在星舰进取号上，她在那里担任植物学家。她来自日本，与自己的家庭及其过去保持着强烈的联系。因此，当她与舰船上的传送官迈尔斯·奥布莱恩（Miles O'Brien）［科尔姆·米尼（Colm Meaney）饰］宣布结婚时，罗伯特·布莱克曼知道该怎么做。

"我给她穿上了一种未来主义的，符合历史的日本婚礼和服，"他低沉地说道。"这件和服是一种精心制作的粉红色丝绸雪纺，是用金属和聚氯乙烯制作的天然纤维，在拍摄中呈现出彩虹色的光泽。她的头饰是由明亮的醋酸纤维制成的，我们用透明薄纱覆盖在上面，这样光线就可以透过它。"

左图：惠子（赵家玲饰）和她的新郎迈尔斯·奥布莱恩（科尔姆·米尼饰）。

上图：传统但又不失风范：惠子穿着五彩粉色的雪纺和服，里面是弹性蕾丝的紧身衣。

为故事和角色设计服饰

"有时候，人物服装会对未来的故事发展或人物产生影响，"编剧罗纳德·D.摩尔解释说。"比如克林贡人的装束。克林贡人在电影中的穿着非常特别，与他们在《星际迷航：原初系列》中的穿着截然不同。当我在写《星际迷航：下一代》中《父亲罪过》（Sins of the Father）那一集时，我觉得克林贡人的服装暗示了他们的文化。他们穿着护身甲，带着短刃，这些武器和服装似乎有一种仪式感。这让我觉得，这些武器和服装不仅用于实际的战斗，而且与仪式有关。像这样，电影中表现克林贡人的方式开始影响我对他们的想法，以及我是如何写他们的。"

沃尔夫在《父亲罪过》一集中穿的礼服，是罗伯特·布莱克曼在第三季早期《羁绊》（The Bonding）一集中，为克林贡仪式设计制作的长袍，而《羁绊》是编剧摩尔为《星际迷航：下一代》编写的第一个剧本。

关于编剧与人物服装

"在编剧室里，服装这个主题会定期出现，这取决于我们正在开发的剧集会有什么要求。例如，如果我们要创造一个新的外星种族，我们会在剧本中写一些东西，比如，'他穿着这样或那样的制服。'我们会指出服装是否需要包括一个科学装置或一个徽章。有时我们希望服装能投射出某种形象，比如战士、科学家或类似的东西。但我们的描述有点笼统，通常只是为了说明一个角色或故事的要点。

"最后，我不确定服装师是否采纳了我们的建议。我们可能对布景设计有更明显的影响，因为我们会以特定的方式为故事描述一个布景，比如我们需要建筑来表达一个非常独特的外星种族。我们与鲍勃·布莱克曼的谈话往往更模糊一些。事实上，更多时候，鲍勃会向我们提出想法，而不是我们向他提。他有很多想法，所以我们通常让他去做，他也会赶紧去做。

"看到设计师们想出的东西，我总是很惊喜。当你在页面上写一个故事时，你在你的脑海中播放电影。你对一个新角色的一切都有一个先入为主的概念，他们穿什么，他们如何移动，他们看起来像什么。总之，不管这个概念是怎样的，它永远不会与最终出现在屏幕上的东西相匹配。总有某种惊喜的成分。这意味着，写作时，你总是处于某种放弃的过程中，就是那种你得放弃脑海中原先播放的电影的感觉。"

——罗纳德·D.摩尔

中左图：在《父亲罪过》一集中，沃尔夫（迈克尔·多恩饰）穿上了传统的正式长袍，带领现众首次访问克林贡母星。

上图：概念艺术展示，沃尔夫的鲁斯泰（R'uustai）长袍是一件万能的礼服。

皮卡德机动

　　"当我们谈论《星际迷航》的服装时，如果我不提起'皮卡德机动'（The Picard Maneuver），那就是我的失职。"乔纳森·弗雷克斯说。

　　他为什么要这么说呢？"皮卡德机动"一词从皮卡德（Picard）舰长（帕特里克·斯图尔特饰）而来，他曾为了在战斗中获得关键优势，采取了一个战术性假动作。然而，很快，《星际迷航：下一代》的粉丝们就把这个名字用来命名舰长常常做的动作，这个动作与战术策略完全无关，但与人物服装有一定关系。

　　"这都是因为我们在前两季穿的那些可怕的连体弹力制服，"弗雷克斯解释说，"那些制服会慢慢往上移，堆在你的腹部，破坏掉制服本应有的漂亮干净的线条。而且服装的面料会拉伸和移动，所以你站起来可能看起来很好，但当你坐下来的时候又是另外一回事。"

　　罗伯特·布莱克曼补充了这个故事剩下的部分。"如果你去看这些剧集，"他说，"你会注意到，很多镜头以帕特里克·斯

图尔特坐在他的舰长椅上作为结尾，镜头对着他的脸拍一个特写。好吧，每次坐下来时，他都得扯着弹性服装。他这样做是为了把肩部服装拉下来，让衣领处于正确的位置上。因为他是一个完美主义者，不希望那儿有任何皱褶。即使在我把制服换成两件式之后，他仍然会扯制服的衣襟。"布莱克曼笑着说："最后，影迷们开始称这个动作为'皮卡德机动'。"

　　他们做的还不止这些。在搜索引擎中输入"皮卡德机动"一词，就会出现大量粉丝制作的帕特里克·斯图尔特（和其他人）做这个动作的You Tube剪辑视频。

　　"我们曾经大声抗议，说我们多么讨厌那些太空服，"弗雷克斯谈到旧制服时说，"它们是一个真正的争论焦点。我们和帕特里克遇到了同样的问题。所以在他养成了拉弹性上衣的习惯后，我们其他人从他那里偷学了这个动作。我想我第一次这样做是在他们建造了'前十'（Ten-Forward）［进取号的休息娱乐室］之后。"他怀念地叹了口气。"如此具体地谈论工作中的这一小部分很有趣，"弗雷克斯补充道，"这个动作成为一个有特殊意义的事情，但我们那时没有想到它之后将会变得那么重要。"

上图：泰斯最初设计的连体服，它包括这些独特的横跨腹部的不对称线条。布莱克曼在两片式样式的服装中，保留了这些线条。

对页图：帕特里克·斯图尔特认为，布莱克曼设计的新星际舰队制服让他如释重负。

星际迷航：下一代
系列电影

STAR TREK:

THE NEXT GENERATION
MOVIES

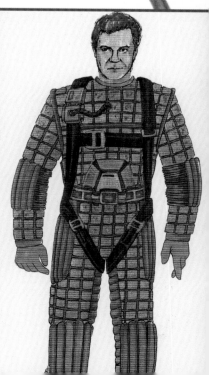

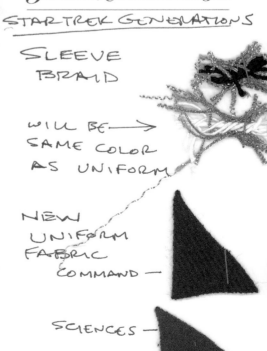

Paramount Communications Inc.

STAR TREK GENERATIONS

SLEEVE
BRAID

WILL BE →
SAME COLOR
AS UNIFORM

NEW
UNIFORM
FABRIC
COMMAND —

SCIENCES —

星际迷航:
斗转星移

STAR TREK
GENERATIONS

服装设计师罗伯特·布莱克曼有一个热情的粉丝团。

莱瓦尔·伯顿（饰演工程师乔迪·拉弗吉）受邀与布莱克曼讨论《星迷迷航：斗转星移》的服装问题时，他立马开口说："当然！我可以为鲍勃做一切。我是他的忠实粉丝，喜欢他为《星际迷航：下一代》设计的新服装。这也是我热爱这部电影的原因之一。要是穿上这样具有时代特色的服装，那一定很惊艳。"

乔纳森·弗雷克斯（饰演舰长威尔·瑞克）对他也赞不绝口：

"鲍勃非常有远见，我和他在西雅图代表剧院（Seattle Rep）工作过，很喜欢同他一起工作。和每个环节的演出一样，他会不断地改良外星人的模样，这很有挑战性。他在这些演出和电影中能够不断保持创造力，值得表扬。我只是不太明白他为什么不继续做其他的项目。"

接下来是玛吉·施帕克，她是整个《星际迷航》电影及多部电视剧系列的珠宝设计师。

"和鲍勃一起工作非常好！遗憾的是，他没能继续为《星际迷航》电影设计服装了。"

然而，《星际迷航：斗转星移》之后，罗伯特·布莱克曼似乎并不介意其他设计师插手《星际迷航》的电影。要了解原因，你必须回到1994年，当时布莱克曼正在为《星际迷航：下一代》系列电视的最后几集，还有正准备开播的《星际迷航：深空九号》第二季设计服装，并为派拉蒙影业公司即将推出的《星际迷航：航海家号》系列的服装设计做准备。当设计电影《星际迷航：斗转星移》全体演员服装的机会出现时，想必是很难抗拒的。

虽然回想过去，抗拒才是明智的选择。

上图：罗伯特·布莱克曼的为皮卡德所绘制的海军制服概念图。
右图：每件19世纪制服都包含了一件蓝色海军外套夹克，并配有白色牛仔裤、背心、衬衫、帽子、靴子、漂亮的勋章、纽扣和大量小件。
对页在上图和右上图：玛丽娜·赛提斯穿着以概念图为原型的服装。
对页下图：演员们身穿布莱克曼手工制作的服装，在一艘19世纪的全息帆船 H.M.S. 进取号上集合，开自豪地合影拍照。

对页图：为《星迷迷航：下一代》剧中盖楠一角设计的服装：带褶皱的袖子和牛仔裤腿，比她在电视连续剧中穿的所有服装都要精致。插图为乌比·戈德堡的成衣。

顶图：帕特里克·斯图尔特和乔纳森·弗雷克斯身着之前分别为《星际迷航：下一代》和《星际迷航：深空九号》设计的服装。

上图：马尔科姆·麦克道尔（Malcolm McDowell）饰演影片中的坏人苏伦（Soran），他说喜欢自己的全黑服装，因为这与他那种白发刺猬头形成了鲜明的对比。

制片人知道布莱克曼工作堆积如山，为了减轻他的负担，他们找来了设计师阿布拉姆·沃特豪斯（Abram Waterhouse）。"他曾经和我一起参与过共同设计服装的电视节目"，布莱克曼说，"他做得很好，但是我发现我自己是一个控制欲很强的人，总是过多地监督别人。

"我任务很多，却没有交出满意的作品"，他坦白说，"这是我的主观感受。对我来说，要我做我已经在做的事情，同时还做《星际迷航：斗转星移》的设计，实在是太疯狂了。"

布莱克曼在后面三部电影中只负责设计新制服。他说："这些很简单，我们知道，在一定程度上，在《星际迷航》电视节目里，这些制服会有大转变，这也是我正在做的。因此，做这些并不容易，但是对于我来说却是轻而易举。"

布莱克曼有一大把时间可以为《星际迷航》系列设计制服。他还会继续为《星际迷航：深空九号》和《星际迷航：航海家号》服务，还有可能在另外一个作品——《星际迷航：进取号》继续工作。十六年来，他致力于派拉蒙影业公司的太空传奇故事，并因其《星际迷航》的设计获得十项艾美奖提名，两次获得金像奖。2006年，布莱克曼获得了服装设计师协会颁发的职业成就奖和聚光灯奖。在《星际迷航》之后，他最出名的作品是《灵指神探》（*Pushing Daisies*）（为此2009年他再次获得艾美奖）、《好望角》（*The Cape*）、《妙女神探》（*Rizzoli & Isles*）和《欢乐合唱团》（*Glee*）。

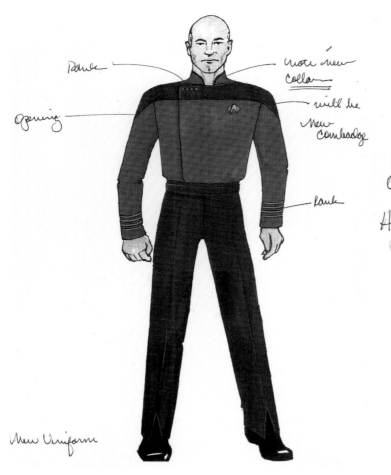

新制服？什么新制服？

你听说布莱克曼为《星际迷航：下一代》设计的星际舰队新制服吗？

这可不是一个谜——问题简单，只是答案不简单而已。

莱瓦尔·伯顿："新制服？真的吗？不会吧，我一点都不记得了。"

乔纳森·弗雷克斯："嗯。我隐约记得是有这么一回事。但是我最后不是为那部电影穿上了连体工装吗？我记得在他们腰部有奇怪的褶皱。"罗纳德·D.摩尔（《星迷迷航：下一代》剧本合创者）："哇！我完全不记得了。我只记得设计草图，但是我认为不会有演员穿。幕后这些设计真的很抢手。"

罗伯特·布莱克曼："他们是……"他停顿了一下，笑道："我思考一下怎么解释。"

对他来讲，这恐怕是世界上最令人不悦的回忆了。

"星舰队的制服设计一直都是难题，"他说，"你会一次又一次地发现，修改过的地方还可以修改，颜色变来变去。有时候要一个衍缝的垫肩，而不要一块平坦的齐肩面料，但总的来说，没有什么大的变化。实际上，从一个系列到另一个系列是相对一致的。

"然而，因为第一部《星际迷航：下一代》电影，执行制片人里克·伯曼想要一些创新。他鼓励我从不同方式切入，所以我给他画了一大堆画。在纸上看起来很好，但是现实中却没有一种方法可以将他们构造出来。我们不停地为他们换衣服，不停地换，但选的面料派不上用场，我们也没有那么多面料去印染，无计可施。这简直是最坏的情况，诸事不顺。我们一起拍电影的第一天，里克就把我叫

了进来。我知道他很难，但这也是他职责所在。他说：'我认为这些制服行不通。我们最好让演员穿上一些现有的旧制服，就这样办。'因此，一些剧组成员穿着《星际迷航：深空九号》连体工装出现（正如弗雷克斯回忆的那样），其他人还穿着即将退休的《星际迷航：下一代》制服。"

"这对我来说是一个巨大的教训，"布莱克曼承认，"不是一个光荣的时刻。我承认我错了。这是其一。我选错了地方做实验，这才是教训。"

显然，这场混战对一些人的影响比其他人更大。例如，它影响了彩星玩具公司（Playmates Toys）那边的人。这家玩具制造商收到了派拉蒙影业公司提供的一套布莱克曼认可的草图，并且正在努力制作新的《星际迷航》系列人物模型，准备在电影首映时发布。公司得知新制服被取消的消息后，已经来不及从生产线上撤回这些模型了。玩具公司尽力而为，还是将这些人物模型卖完了，同时也卖出另一件怪产品：一个身穿跳伞服，搭配于轨道跳伞桥段的新款柯克人偶。

轨道跳伞桥段？是的。电影拍摄了这一场景（还有对应服装），但最终在《星际迷航：下一代》电影上映前剪掉了。不过，我们不浪费也不贪求。这套跳伞服回到了服装部，四年后，我们把它改成了《星际迷航：航海家号》剧集《极度危险》（Extreme Risk）中角色贝拉娜·朵芮斯（B'Elanna Torres）[罗克珊·道森（Roxann Dawson）饰]的着装。

顶图和对页图：没有出现在银幕上的剧组服装草图。布莱克曼说："我的草图并不花哨。它们基本上都是缩略图——尽管有时我认为它们只是手指上的倒刺一般大小。"

VISOR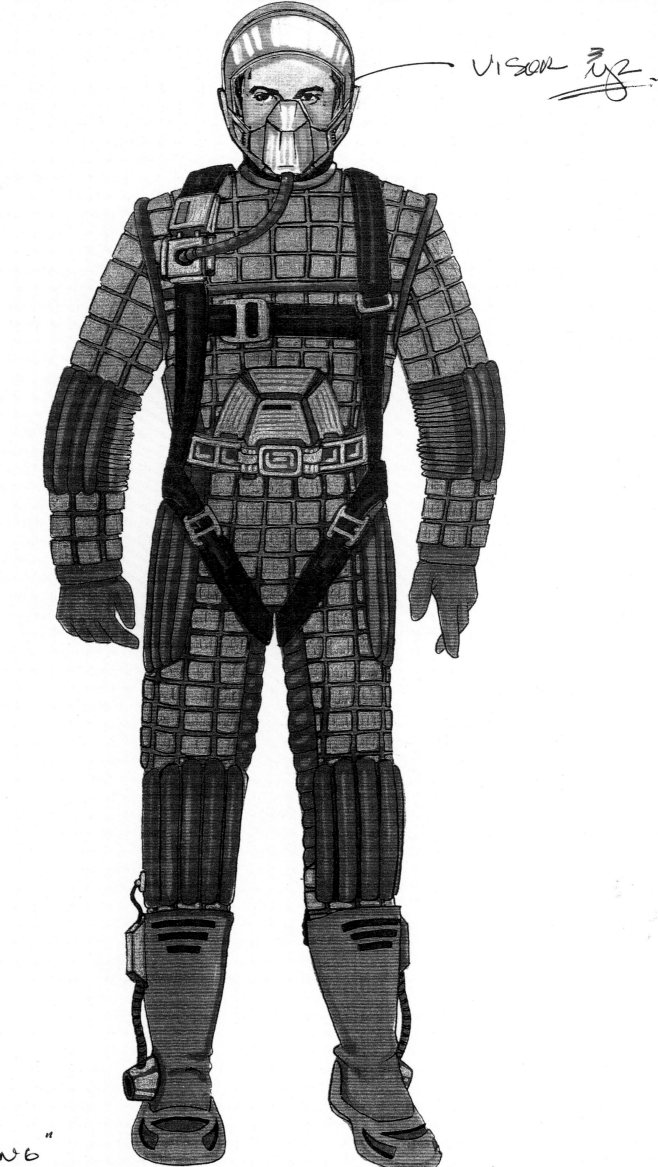

Kirk

"~~~ - JUMPING"

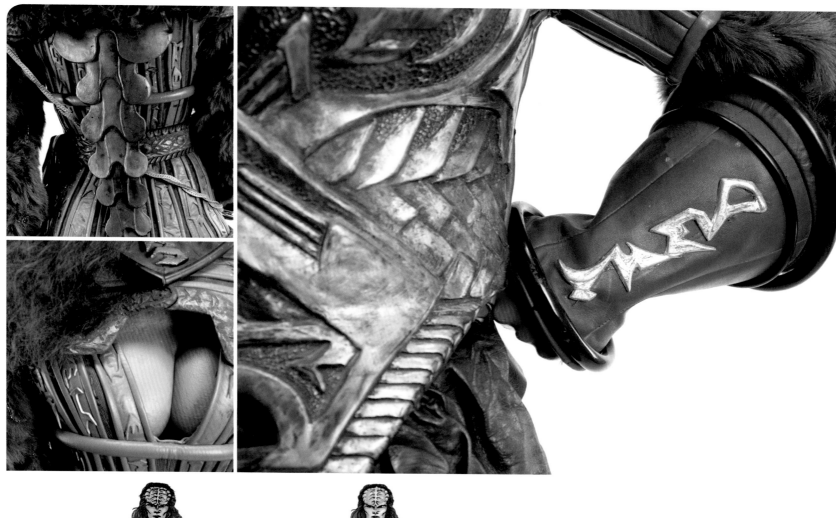

左上图：克林贡女战士服装上的脊椎铠甲细节。
左中图："胸板"的拓展版，如乐萨的服装所示。
右上图：贝艾托服装的躯干细节与爬行动物的鳞片相似。
上图：乐萨（左）和（右）贝艾托的概念草图。
对页图：克林贡女性表现出与克林贡男性一样的战斗力，以及对血与权力的渴望。然而，像杜拉斯姐妹乐萨（芭芭拉·马奇饰）和贝艾托（格温妮丝·沃尔什饰）这样的人，则更加野心勃勃。

LURSA

B'ETOR

克罗诺斯（QO'NOS）的女魔头

《星际迷航：斗转星移》见证了乐萨（Lursa）［芭芭拉·马奇饰（Barbara Mar）］和贝艾托（B'Etor）［格温妮丝·沃尔什饰（Gwynyth Walsh）］的回归，在《星迷迷航：下一代》里，她们这对克林贡姐妹诡计多端。大家以为这对杜拉斯家族在议会女代表，可能已经习惯了布莱克曼早年间在《救赎》（Redemption）一集为她们设计的服装，其实，姐妹俩可能正拿着一把克林贡匕首抵着布莱克曼先生的喉咙，要求把她俩的大屏幕处女作改得更时髦一些。

对她们着装的改进，包括了全身上下的细节问题：使用的材料改善了，克林贡人标志性的人造毛皮袖子颜色更换了。两位女士换上了新的垫肩、颈甲、铁手套，还有最重要的躯干遮盖物。根据她们独特的个人习惯，实用主义者乐萨是垂直褶皱皮革，而感官主义者贝艾托拿到的是一件引人注目的紧身胸衣风格的胸甲。据说，吉恩·罗登贝瑞最喜欢的服装细节保留了下来：从胸部明显的开口可以看到姐妹俩的乳沟。

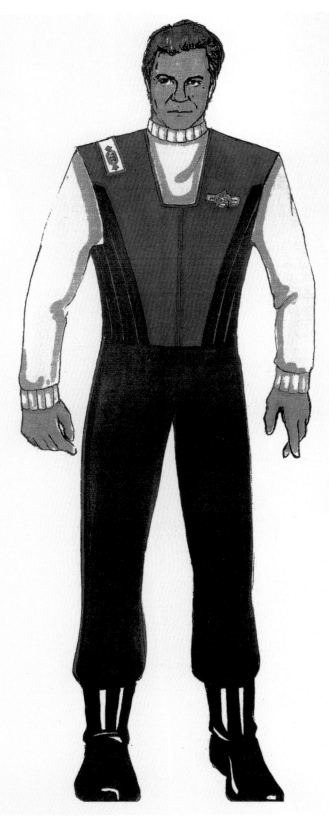

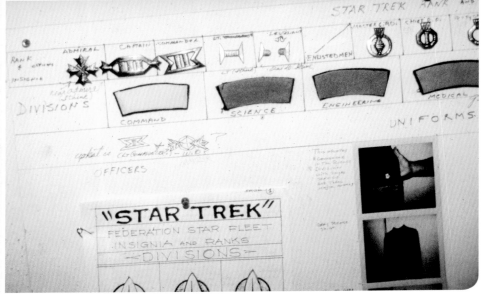

上图：布莱克曼为柯克在时江（Nexus）内生活时设计服装。
顶图：《星际迷航：原初系列》中只有三个角色出现在《星际迷航：斗转星移》中：从左到右分别是契科夫（沃尔特·科尼格饰）、柯克（威廉·夏特纳饰）和史考提（詹姆斯·杜汉饰），他们都穿着由布莱克曼改装后的弗莱彻版制服。
中右图：一张以弗莱彻绘制的星际舰队服装为原型的备忘单。
对页图：柯克舰长穿着基于布莱克曼概念草图设计的服装，最后一次助力皮卡德（穿着《星际迷航：深空九号》连体服）拯救宇宙……

从一代到另一代

罗伯特·布莱克曼没有设计詹姆斯·柯克、蒙哥马利·史考特（Montgomery Scott）和帕维尔·契柯夫在《星迷迷航：斗转星移》里穿的制服。但是，他大力赞扬了之前的设计师罗伯特·弗莱彻的作品。

布莱克曼对弗莱彻的设计做了一些改动，他说，时代变了，这也是必然。"我非常注重连续性，"布莱克曼强调，"但是在鲍勃设计的时候，演员们并没有建立起这种连续性。"随后，他加长了那件大家熟悉的栗色夹克，把它们改为适合职业军官穿着的长度。他又说："我还把牛仔裤裤腿设计得更长，这样看起来更体面一些。"

为了确保服装组的每个人对其他细节都能理解到位，布莱克曼重新启用了弗莱彻的小旧册子，册子上有说明哪个军衔使用哪种颜色，以及舰长和副官的军衔徽章是什么样的，诸如此类，总之，挂一张"备忘单"在工作室里，每个人都能按部就班地工作。

星际迷航：
第一次接触

STAR TREK:
FIRST CONTACT

上图：设计师黛博拉·埃弗顿在西式抹布上画
的皮卡德的素描。

对页图：艾丽斯·克里奇（Alice Krige）饰演了
令人胆战心惊的博格女王。其领口周围的细节
需要埃弗顿的服装团队和化妆团队密切合作。

在科幻服装设计这一相当专业的领域，黛博拉·埃弗顿已经有了扎实的基础，在乔纳森·弗雷克斯看到她为即将到来的派拉蒙电视台预告片所做的一些工作之前，黛博拉·埃弗顿拥有《深渊》（The Abyss）、《X档案》（The X-Files）和《高地人二：天幕之战》（Highlander Ⅱ : The Quickening）的工作经验。[当时名为《奥西里斯编年史》（The Osiris Chronicles）的预告片，后来作为《银河大战》（The Warlord: Battle for the Galaxy）的电影在电视上播出]。

弗雷克斯正准备指导他的第一部长篇电影《星际迷航：第一次接触》（Star Trek: First Contact），这是系列电影中的第八部，他随即联系了埃弗顿。埃弗顿回忆道："他非常热情。"弗雷克斯很赞赏她的作品，很快促成了与《星际迷航》制片人的会面。几天后，她开始工作，构思七八百套服装的设计。有古怪的科学家泽弗兰·科克伦（Zefram Cochrane）[詹姆斯·克伦威尔（James Cromwell）饰]、航空航天工程师莉莉·斯隆（Lily Sloane）[阿尔弗尔·伍达德（Alfre Woodard）饰]、一群龙鱼混杂的21世纪村民、全息夜总会舞厅的出席人员、三个瓦肯人及新改良的博格人。这些博格人设计受杜林达·赖斯·伍德（Durinda Rice Wood）的原版设计启发，随后由负责该系列的服装设计师罗伯特·布莱克曼进行了调整。

尽管埃弗顿也有投入，但由于《星际迷航》的两部电视连续剧仍在制作中，布莱克曼在《星际迷航：第一次接触》的工作仅限于设计舰队船员的新制服。这些衣服大体上为黑色，肩部有一个灰色的绗缝过肩，作为每个船员所属部分的区分标志——无论是安保/工程、科学还是指挥部门的服装，都不以整个束腰外衣的颜色来区分，而是由他或她的束腰外衣下穿的套头衫的颜色来区分。

"制服设计是合作进行的，"埃弗顿说，"鲍勃设计，我制作并且搭配颜色。我想让《星际迷航》宇宙里的制服更结实一点。制片方对什么可以做、什么不可以做有指导方针。"

那些与众不同的高领套头衫领圈，展现了电影中一些最亮丽的色彩。服装的其他部分更为低调。有两个原因。从实用性角度来看，调色板大体上局限于灰色系、棕色系和黑色系，不会与视觉效果部使用的绿幕和蓝幕相冲突。埃弗顿解释说："如果在演员的服装中使用某种绿色或蓝色的色调，并且颜色太接近幕布颜色，那么角色服装的这一部分就会消失，变成后期特效画面的一部分。我们不想走这条路。"

但埃弗顿也有创造的动力。故事的背景是地球，在2063年，因全球矛盾，地球被著称为第三次世界大战所摧毁。因此，埃弗顿指

上图：埃弗顿为泽弗兰·科克伦设计的服装概念草图。

下图：科克伦经典的"美式"帽子。

对页上图：埃弗顿为科克伦的朋友莉莉画的草图，莉莉穿着平常的服装。

对页下图：莉莉打扮得漂漂亮亮的（由进取号全息甲板提供），帮助狄克逊·希尔（帕特里克·斯图尔特饰）迷惑博格人。

出："我认为在这种后'末日'的世界里，不会有太多的色彩，这可以强调正在发生的事情的严重性。这可能不是一个很快乐的地方。我在想这就像旧西部一样。希望是有的，但并没有令人雀跃的希望。这只是一个坚定的决心，一种'让我们白手起家'的决心罢了。"

埃弗顿为皮卡德舰长设计了一件风衣，这是一件19世纪那种长外套，反映了西方的风格。"在西部和维多利亚时代的英格兰，人们都穿着这类衣服，"埃弗顿说，"我为这个造型设计了很多这样的主题。有趣的是，自从《星际迷航：第一次接触》以来，风衣就在科幻电影中反复出现。我在《黑客帝国》（*The Matrix*）和其他电影中看到过这种清晰的影像。这有点浪漫。"

埃弗顿还为泽弗兰·科克伦融入了过去的风格。"我想和他一起捕捉一些'美式'的东西，所以我给了他那顶帽子，"她说，"它以棒球帽为基础，但由皮革和羊毛制成的，上面有一种人造的皇冠，一排老式的西南银贝壳形成的一个银带。我只是胡搞一通，乐在其中。从那以后，我和詹姆斯·克伦威尔合作过好几次，他告诉我，他被问得最多的问题是关于那顶帽子的！我没想到这让他看起来这么酷！"

埃弗顿对科克伦的朋友莉莉的设想，让莉莉为扮演"武打英雄"做好了准备。"因为她有打戏，所以她穿裤子，而且裤子是用你需要的衬垫做的，"埃弗顿说，"当一个特技演员代替演员去做他不能做或不应该做的事情时，我们会给特技演员提供保护。比如，特技演员的肘部和膝盖上总是有垫子来帮助承受击打。所以，我把这些元素都加进了莉莉的服装中。"

尽管如此，由于莉莉是观众的代言人，让他们"对她所看到的一切感到惊奇"，埃弗顿还把她设计成一个有魅力的人，一个观众可以更加认同的人。"我想让观众看到她的蜕变，从一个支持着科克伦的邋遢女人，转变为一个在全息甲板桥段中穿着优雅晚礼服的女人，身边是同样优雅的狄克逊·希尔（Dixon Hill）。希尔是一个虚构的20世纪侦探，极像雷蒙德·钱德勒（Raymond Chandler）笔下的菲利普·马洛（Philip Marlowe），皮卡德喜欢在进取号的全息甲板上模仿他。"

至于设计一件服装来定义21世纪的其他居民——一群由退役士兵、科学家、牧场主和流浪者组成的乌合之众，埃弗顿承认，自己的日子不好过："要我想象21世纪中期会是什么样子，对我来说绝对是一个挑战。不幸的是，在诺德斯特龙（Nordstrom）百货公司可没有这样的分区！但我最终确定，这些人不是《疯狂的麦克斯》（*Mad Max*）的那种人。我实际上是以狄更斯作品里的形象为蓝本的；他们很邋遢，但他们并不是没有群体归属。他们有自己的小花园，当然，他们还有自己的小酒馆——一个真正的西部小镇。"

埃弗顿不想将进取号外遣队的"民用"服与他们想混进去的村民的衣着协调起来。"我注意到,有时候,当电影制作人创作年代电影时,他们会想象过去是什么样子,但他们做的并不对,"她说,"这与实际情况不符,因为他们在考虑过去的服装是什么样子时,把自己的品位也加进去了。我对皮卡德的队员们就是这么做的。我想,嗯,我们的英雄们会怎么想21世纪?我试着让它远离现实。"

因此,进取号船员的服装与生活在科克伦营地的人不太协调——这是有意为之。"这有点不对劲,"她说,"不过,你要多看两眼,才可能看出是什么不对劲。"

埃弗顿一直都是科幻小说迷,她很高兴能在《星际迷航:第一次接触》中工作,她的贡献也让她的导演感到高兴。"黛博拉非常有才华,"乔纳森·弗雷克斯评论道,"我又打电话给她,让她在电影《时光骇客》(Clockstoppers)中与我合作,后来,又为《科幻大师》(Masters of Science Fiction)的剧集设计服装。"

埃弗顿还将再次与《星际迷航:第一次接触》的编剧罗纳德·D.摩尔合作,为开启了《太空堡垒卡拉狄加》(Battlestar Galactica)重启系列的迷你剧设计服装。

博格人的进化

在《星际迷航：下一代》的第二季中，服装设计师杜琳达·赖斯·伍德首次创造了博格人的服装，她在服装中使用了一种被称为"爆米花氨纶"（Popcorn Spandex）的面料。这样她就可以用尼龙搭扣把博格人的服装快速固定起来。罗伯特·布莱克曼回忆说："最初的博格戏服花了大概两个小时才让演员们穿上。但如果他们张开双臂，饰物就会脱落下来。我在《星迷迷航：下一代》中用了几年这些服装，然后黛博拉·埃弗顿加入后，她重新设计了《星际迷航：第一次接触》中的博格人套装。"

"我对电影版博格人的最初构想，比他们最终的样子更可怕，"埃弗顿说，"制片人并不能完全满足我的要求。我

想让它们看起来像是由内至外、而不是由外至内的博格人，想将它们的生理功能与机械方面结合起来，这样观众就会说'哇！'我想要那种血管遍布全身，并且血管里面充满某种黏稠液体的博格人。但那样太离谱了，他们不让我这么做。所以我让步了，但我还是想让他们看起来黏糊糊的。所以我让我那些黏糊糊的工作人员总是站在附近，当他们不在镜头前的时候，我会让他们涂上润滑油，所以看起来总是很闪亮，就像他们身上沾满了黏液。"

"埃弗顿做的博格服装是最早的乳胶模具，是一体的（而非分片）。"布莱克曼解释说，"这些就是我在那之后用的。然后我拿到这些衣服后，对它们做了更多的修改，使它们更容易穿脱，因为我们之前只是把服装粘在演员身上！他们真的会被万能胶粘住一整天，而且不能喝水。"

左图：设计师黛博拉·埃弗顿的博格人绘制的概念草图。
上图：演员着装后，还有工作要做。在此处，工作人员用一个小巧的刷子给博格人补妆。
对页图：电影中一位匿名的博格人。两位女设计师杜琳达·赖斯·伍德和黛博拉·埃弗顿，由于塑造了《星际迷航》中令人毛骨悚然的反派形象，值得获得最大的赞赏。

瓦肯人出场

虽然从《星际迷航》一开始瓦肯人就已存在，但还是黛博拉·埃弗顿在故事中把他们介绍给了地球人。在影片的故事情节中，观众见证了人类与该物种的"第一次接触"。从她给瓦肯人设计的服装来看，泽弗兰·科克伦和他的朋友们完全有理由相信，这些优雅的瓦肯人拥有充足的资源。

埃弗顿说："我从简单的佛教长袍开始，然后加上中国皇帝的华丽服装。当然，我们用了很多非常现代、有质感的面料，还在材料里编织了金属粒子。不过，不是中国皇帝们使用的那种织物。我们使用的是人造纤维，不是手工布料。然而，这些服装仍然非常昂贵。这些长袍衬有天鹅绒，可以让服装保持一定的形状和重量，因为它是非常脆弱的面料，不适合用来做服装。

"不过，我对电影里最终呈现出来的服装很失望。腰带的设计可以追溯到某种日本和服的宽腰带的设计，应该比服装师放的位置要高得多。但糟糕的是，瓦肯人最终出现的戏是凌晨三点在山上拍摄的，第二天早上我还得在城里参与电影另外部分的工作。他们拍摄瓦肯人的时候我不在。后来看样片时，看到他们服装的腰带位置很低，我真想哭。服装部的货车里有给服装员看的照片和插图，展示了如何把这些部件组装起来，但凌晨三点，每人都累得不行。

"不过，宽腰带很漂亮。它们的围腰部分用了漂亮的大金属珠宝，而这些珠宝是我们创作出来的。这是用中世纪的方法来展现我们对瓦肯人的想象。"

上图和对页图：Obi用日语可翻译为腰带，但它穿在身体上的位置通常要高于西方腰带的位置。埃弗顿给瓦肯人画的草图表明，她希望荧屏能展现出他们的身高。
左图：在最后一部影片中，瓦肯人显然对于如何系腰带有不同的看法。

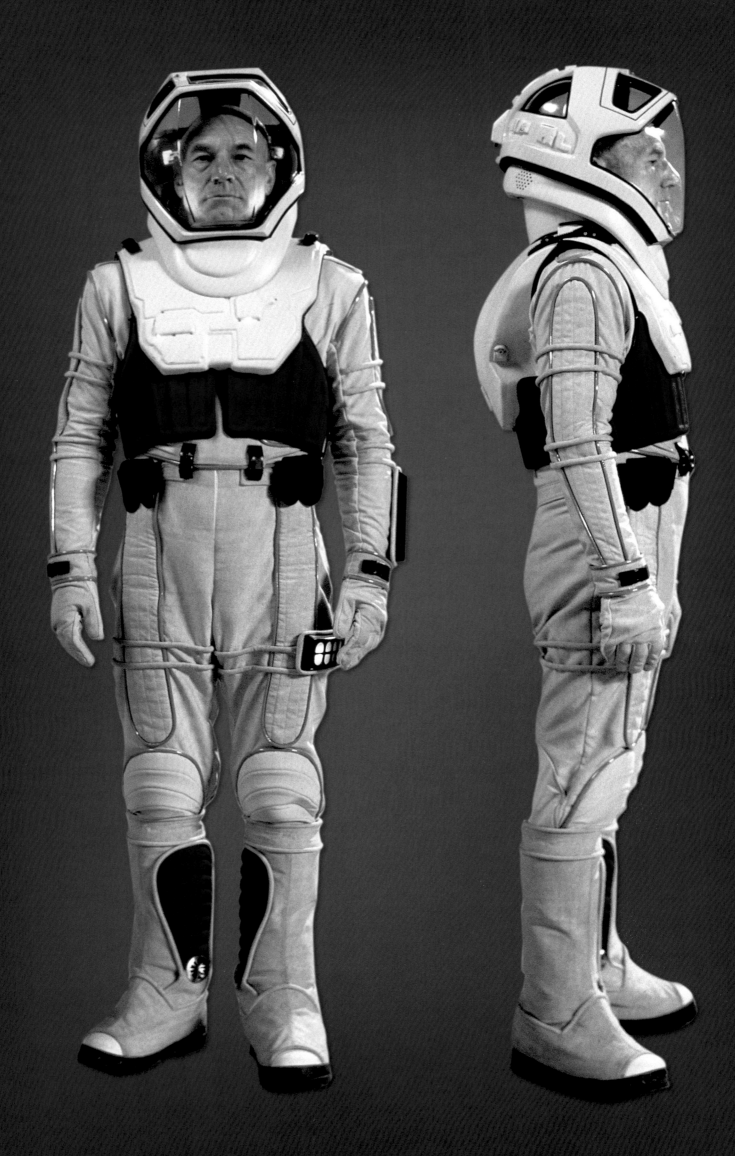

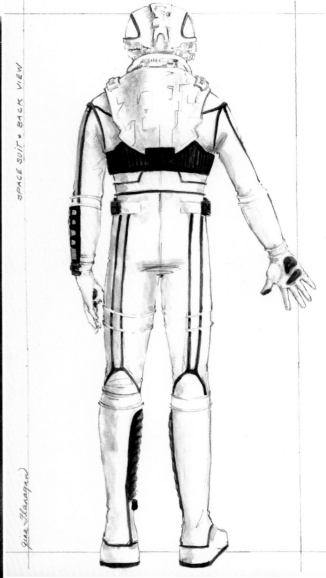

星际舰队的一小步

    "编剧和制片人的委托，就是你要达成的目标，"黛博拉·埃弗顿坦言道，"总的来说，《星际迷航》的服装外形是贴身型的。因此，对于队员的太空服，我想避免使用美国宇航局（NASA）类型的套装，因为它们看起来很笨重，演员活动不便。我希望演员们看起来可以在太空服中自由灵活，而不是束手缚脚。

    "所以星际舰队太空服的头盔是无缝的，没有很多硬件。但是像这样的专门服装，带有各种内在问题。它们必须精心设计，能融合威亚和电子设备，而这些设计永远不起作用。你总是在摆弄它们。我从《深渊》中学会了如何制作头盔，这样你就可以给演员打光，看到他们的脸，且不用做得很刻意。但你总是会遇到一些问题：比如，能见度、反光、镜头模糊的问题，以及电子设备无法正常运行和不让演员窒息的问题。我认为，在他们身上，我们可能达成了我们想要的一切，他们看起来绝对英勇。"

对页图：在银幕上，星际舰队的宇航服看起来很棒，但在设计时，舒适性并不是第一考虑因素。

左上图和右上图：埃弗顿画的星际舰队太空服草图。

中右图：正如许多《星际迷航》演员发现的那样，绝对没人愿意穿着宇航服的笨重靴子……或者戴着宇航服头盔走一英里（约1609米）。

    虽然在《星际迷航：第一次接触》中，服装拍摄看起来进展顺利，但埃弗顿提到的那些固有问题，再次困扰了下一代宇航服使用者，也就是那些《星际迷航：航海家号》的演员们。"我们经常用这些服装，"罗伯特·布莱克曼叹息道，"演员们没有风扇，没有冷却系统，没有足够的光。每次在剧本中指定这套服装时，你都能听到隔很远传来演员们的吼叫声。因此，在我们继续为《星际迷航：进取号》制作的服装中，我想办法给每套宇航服都配备了我能应付的所有功能：一个冷却系统、几个照明系统、外部灯及各种各样的东西。"

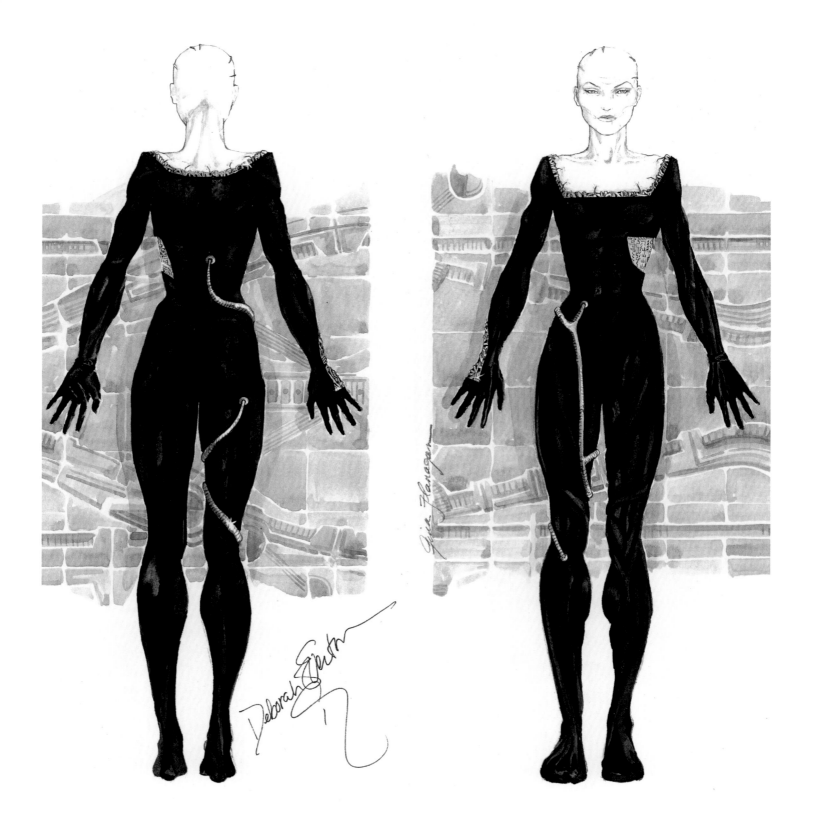

不喝茶的女王

女演员艾丽斯·克里奇被选为博格女王时，她是维持博格里集体秩序的中心枢纽，但她并不了解自身的处境，好在她很快就发现了。

"那些日子非常漫长，非常累，"她承认，"但是服装师们不遗余力地确保我没有任何不舒服。他们为我制作的第一套服装真是折磨人，一天之后，大家就发现了这一点，当时他们认为我累坏了。那个周末，他们又给我做了一套。他们轮流接力进入车间赶工，给我做了第二套服装，更加精致。他们想尽方法确保我不受任何损害。

"新服装是由泡沫橡胶制成的，比第一件由硬橡胶制成的服装可塑性强得多。我身体内部的恒温器一定很好，因为我穿着这套衣服并没有太热。我还决定不喝任何东西，因为，在我穿上这套衣服的第一天下午的下午茶时间左右，我急得没办法，去了洗手间。他们花了四十五分钟才把我弄出来，然后又花了四十五分钟才把我弄进去。我上厕所时，整个团队都双手合十地坐那儿。这种经历令人不安，我再也不想这样了，所以之后我就不怎么喝水了。" [18]

左上图和右上图：埃弗顿为博格女王的正面和背面绘制的草图。

对页左上图和左下图：女演员艾丽斯·克里奇为博格女王的服装做了背面和正面造型。

对页右图：博格女王的生物机械身体套装由瓷铸的乳胶制成，并涂成金属机械人的硬件效果，还有一副博格人的手套，全部由黛博拉·埃弗顿设计。这套服装后来在《星际迷航：航海家号》的一些剧情中被再度使用。

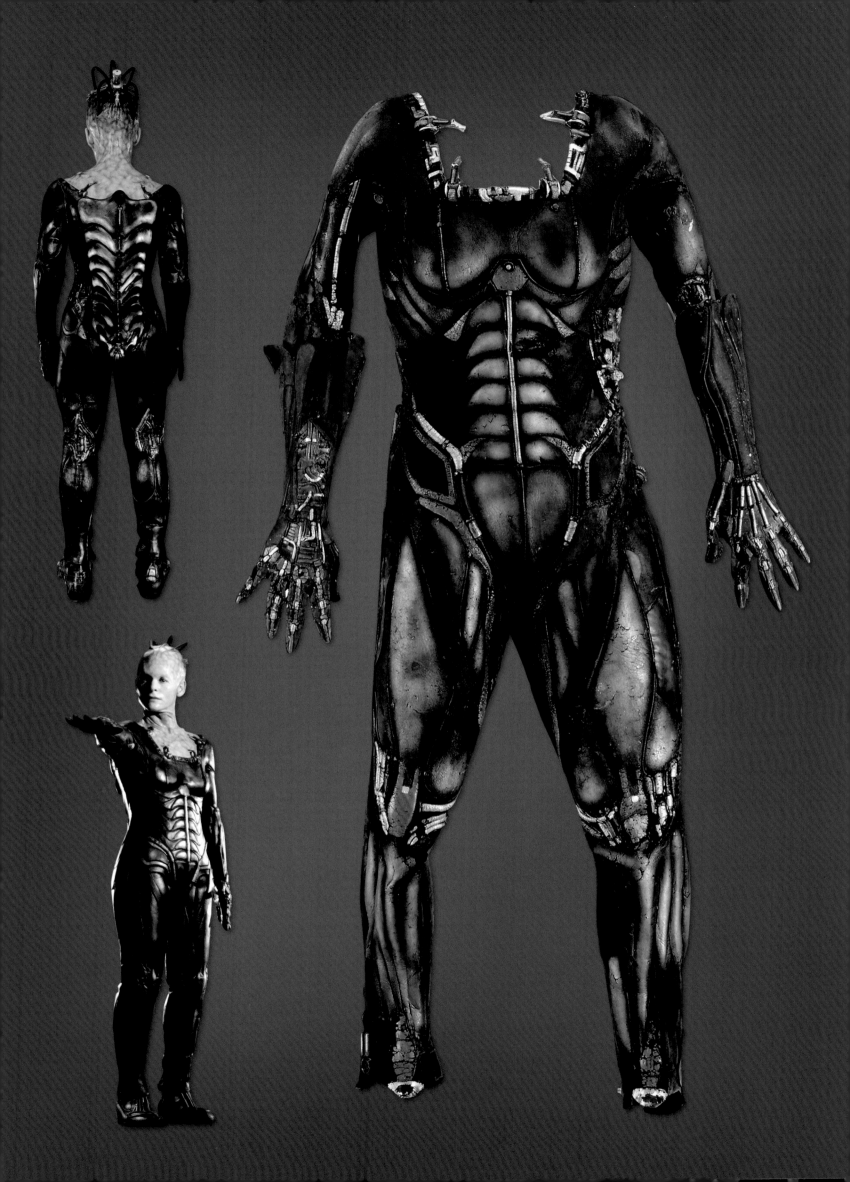

星际迷航：
起义

STAR TREK:
INSURRECTION

服装设计师桑加·米尔科维奇·海斯（Sanja Milkovic Hays）在前南斯拉夫——一个并非好莱坞的地方，在高级时装阶梯上迈出了她的第一步。

海斯在克罗地亚出生长大，在萨格勒布大学（University of Zagreb）学习建筑学，但她发现自己的大部分空闲时间都在萨格勒布的复兴剧院度过。在萨格勒布的欧洲大型制片厂加德朗电影（Jadran Film）的服装部门实习时，她抓住机会，开始学习手艺。

作为一名美国移民，海斯在小公司制作的道路上积累了经验，包括1989年在罗杰·科曼（Roger Corman）改编的《死亡化妆舞会》（*Masque of the Red Death*）中的工作。她在加入《星际迷航：起义》（*Star Trek: Insurrection*）剧组之前，刚刚为《刀锋战士》（*Blade*）[漫威影业（Marvel Studios）的第一部电影作品] 制作过服装。

在《星际迷航：起义》中，海斯最初的任务是设计出未来的平民服装，供进取号船员在援助濒临灭绝的巴库种族时穿着。但她还面临着一个更大的挑战：为五个以前不为人知的外星物种发明服装：巴库人（Ba'ku），索纳人（Son'a）、塔拉克人（Tarlac）、埃洛拉人（Ellora）及矮小的埃武拉人（Evora）（在进取号上接待的外宾）。

片场的演员描述巴库人是"嬉皮士外星人"，他们是放弃了所有技术、回归自然的先进物种。因此，海斯指出，她在巴库的服装中只使用了天然纤维，如棉和亚麻。她说："我们使用了一种可以从自然中获得的颜色，即从蔬菜、鲜花和水果中获得颜色，由于取自天然染料，这就是他们服装颜色不浓，还有点儿褪色的原因。因为他们是一个非暴力的社会，所以我们设定巴库人不会使用皮革。"

海斯与一位织物艺术家合作，为皮卡德的爱侣安慈（Anij）制作真正独特的东西。她解释说："我们为她的服装研发了用纤维素制成的面料，把纤维素煮熟，压平，并进行染色。它非常不规则，结构和纹理都与其他织物不同。"

对于索纳人来说，海斯创造了一个与热爱自然的巴库人完全不同的外观。海斯解释说："在他们的服装上，我和乔纳森·弗雷克斯、里克·伯曼进行合作，试图创造一种军事化的感觉，同时为他们的物质主义文化保持了某种丰富的面料和金属。"然后她又笑着补充说："坏人的装扮总是最有趣的。"

作为索纳人的"仆人"，塔拉克人和埃洛拉人的男步兵们的服装上也有金属点缀，海斯设计了独特的肋骨束带，以表示他们的军衔。因此，海斯向金属艺术工作室的玛吉·施帕克寻求帮助。

施帕克回忆说："桑加想要外部浮动的金属肋骨。我首先关心的

上图：穿着青铜色的乳胶连体衣，女塔拉克人和埃洛拉人似乎散发着性感——索纳人身体强化设施中的老年客户似乎并没有注意到这一点。

对页图：桑加·米尔科维奇·海斯的紧身衣概念草图。

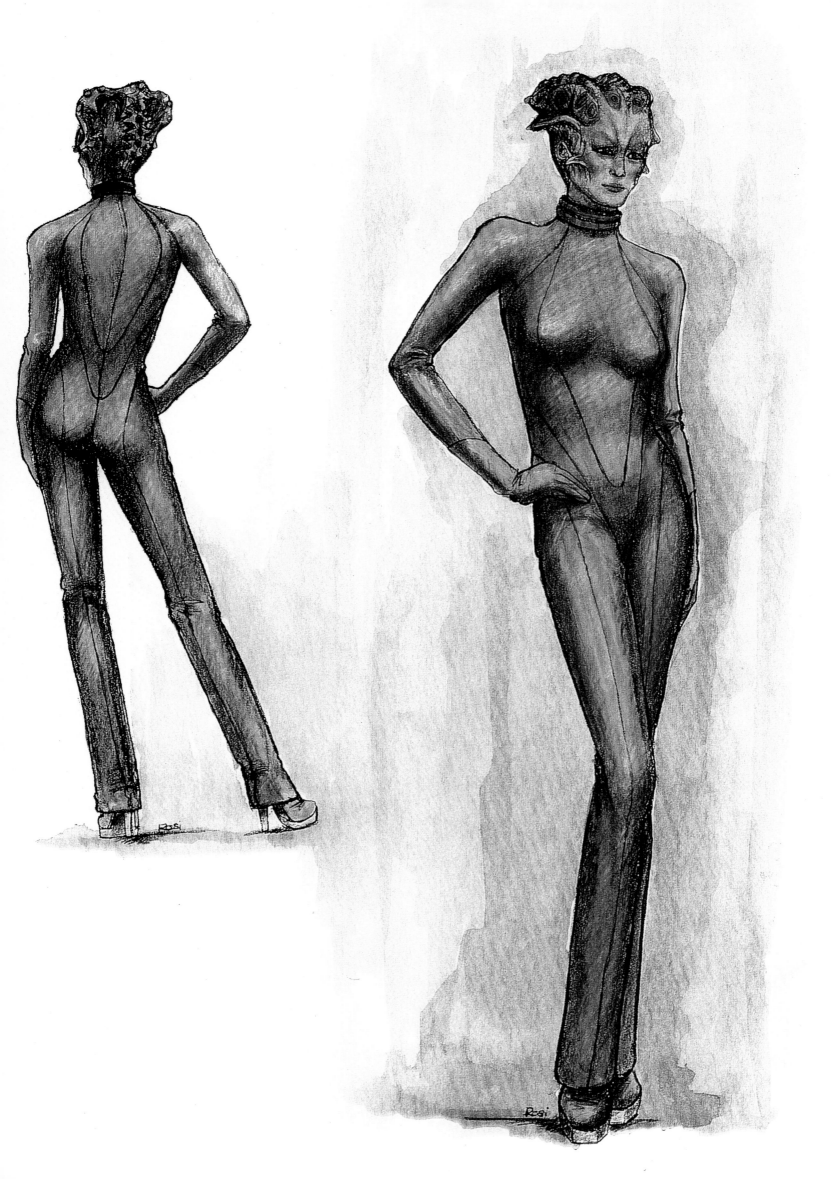

DESIGNER: Sanja U. Hay

TARLAC

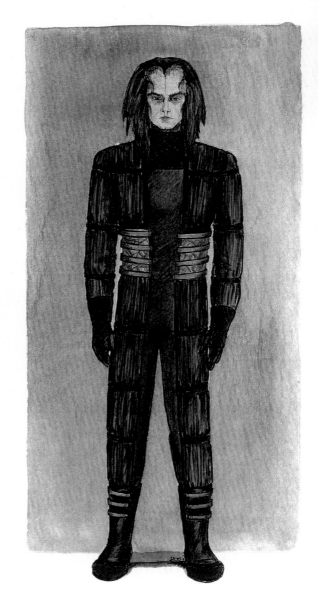

对页图：巴库人的服装更舒服，并与他们自由自在的生活方式有机结合，如安慧［唐娜·墨菲（Donna Murphy饰）］。

上图：和巴库人一样，鲁尔夫（Ru'afo）［了.默里·亚伯拉罕（了.Murray Abraham）饰］和另一个索纳人是同一物种的成员，但他们道不同、不相为谋，他们将自己包裹在人造面料做成的制服中，以匹配他们绷紧的人造皮肤。

右上图：桑加·米尔科维奇·海斯为一名塔拉克男兵设计的艺术概念图，他的衣着与他的主人索纳人衣着相似。

COSTUME DESIGNER: *Sanja M. Hays*

是，这将如何运作？肋骨穿过服装的地方会有沟槽吗？"一旦解决了这些细节问题，艺术金属工作室为这三个物种的服装全部制作了部件，并由一个专业的服装设计师为他们的士兵制作了肋骨胸衣。

但是，如果说男性的塔拉克人和埃洛拉人是"坏人"，这两个物种的女性似乎并不代表类似的威胁。事实上，在海斯设计的紧身青铜乳胶连体衣中，它们看起来相当友好。没有人比喷绘艺术家麦克斯·伽伯尔（Max Gabl）更清楚这一事实。得知乳胶材料拍摄效果不佳时，伽伯尔接手了这项具有挑战性的工作，即在女演员穿着这些服装时为其着色并塑造轮廓。

在《星际迷航：起义》之后，海斯的事业进入了高速发展期。在过去的15年中，她依次为受人欢迎的、知名度高的电影进行了设计，包括《蛛丝马迹》《儿女一箩筐》《木乃伊三：龙帝之墓》以及《速度与激情》系列在内的七部电影。

PICARD DRESS UNIFORM

上图：罗伯特·布莱克曼的草图，为船员
的新礼服制服提供了蓝图。
对页图：桑加·米尔科维奇·海斯为访问
巴库星球的外遣队设计的服装，表明他们
比当地人更喜欢贴身的时装。皮卡德和特
洛依对皮革的喜爱是巴库人不能理解的。

按照罗伯特·布莱克曼的方式来

1996 年，罗伯特·布莱克曼为《星际迷航：第一次接
触》创作了进取号船员的工作服。两年后，在拍摄《星际
迷航：起义》时，剧组没有理由改掉这些服装。然而，新
的剧本包含了在进取号上举行的外交招待会，这是那种最
适合穿星际舰队制服的正式活动。因此，布莱克曼为这一
情节设计了新的正式服装——短小、贴身的白色夹克，上
面镶有金色的穗带，肩部的绗缝与常规制服相同。他还为
黑色正装裤镶上了与之相配的金色穗带，以军事化的方式
在每条腿的外缘延伸。

每件礼服制服都包括一件灰蓝色的衬衫，有横向褶皱
和鸳鸯领。唯一一个例外是，作为舰长，皮卡德在他的夹
克里穿了一件米白色的衬衫。

布莱克曼说："我用正式的军事夹克打底，就像海军陆
战队或海军军官穿的那样，我对这些外套的效果非常满意。
演员们对此也很满意，这算不错了。"

BEVERLY CRUSHER

COSTUME DESIGNER: Sanja M. Hays

PICARD

COSTUME DESIGNER: Sanja M. Hays

WORF

COSTUME DESIGNER: Sanja M. Hays

DEANNA TROI

COSTUME DESIGNER: Sanja M. Hays

星际迷航：
复仇女神

STAR TREK
NEMESIS

鲍勃·林伍德的许多电影创作似乎超越了银幕的二维边界，这并不奇怪，因为他拥有戏剧和歌剧服装设计背景，会情不自禁地努力走到幕后。

例如，林伍德的蝙蝠侠服装在1989年同名电影《蝙蝠侠》中，与其说是一套衣服，不如说是一件紧身连体衣，旨在夸大蝙蝠侠角色和扮演他的演员形象。这套服装粘在塑造好的肌肉组织上，节省了这位演员要在健身房锻炼两年的时间。这也有助于说服那些质疑迈克尔·基顿（Michael Keaton）的公众去了解他，虽然他以前只是一名喜剧演员，但是他有能力扮演一名神秘的犯罪斗士。林伍德为其他大型类型电影做了服装设计，如《黑暗时代》（Excalibur）、《沙丘》（Dune）、《阴影》（The Shadow）、《异形三》（Alien 3）和《异形四》（Alien: Resurrection），他做的这些设计也相当有影响力。

对于《星际迷航：复仇女神》来说，林伍德最艰巨的挑战是创造雷慕人的首领——辛宗（Shinzon）。这个角色虽然年轻，但在身体素质、智力和意志力方面应该与队长让–吕克·皮卡德不分伯仲。观众们沉浸在帕特里克·斯图尔特15年来扮演皮卡德的精彩表演中，他们需要相信这个克隆新贵可能会打败他。还有什么比借鉴法国征服者拿破仑·波拿巴的精神更好的方法呢？

"我以拿破仑为灵感，"林伍德在2003年说，"并混入了这种带有昆虫的空间质感。［辛宗的服装］有一种18世纪早期的感觉，一件无袖的大衣，配上装甲的袖子。"[19]

所有雷慕人的服装都与昆虫的外骨骼相似。"虽然很柔软，（每件服装）在屏幕上看起来都是装甲的，很有金属感，"林伍德解释道，"服装是塑料制成的，但全身经过染色和涂漆，可以像蝴蝶和甲虫一样，获得水面溢油一般的彩虹色。我们让两个女孩画了几个星期才得到彩虹色。但是这种颜色是化学反应产生的，有点不可控。必须画大量的面料才能得到足够使用的颜色，而且你完全不确定你会得到什么！"[19]

扮演雷慕人的背景演员的服装也与众不同。"我的想法是（演员）的身高应该是6英尺3英寸（约1.9米）或6英尺4英寸（约1.93米），"林伍德说，"然后我们在他们的靴子上放了3英寸（约0.076米）的鞋跟。我坚持认为，胸围36~38英寸（0.91~0.96米）的人又高又瘦，让他们自带一种奇怪的吸血鬼特质。"[19]

在《星际迷航：复仇女神》之后，林伍德转任去《特洛伊》（Troy），这是一部由沃尔夫冈·彼得森（Wolfgang Petersen）导演的史诗故事。林伍德在这部电影上的付出使他获得奥斯卡最佳服装设计奖提名。但在2004年之后，林伍德离开了疯狂的电影制作界，开始追寻他年轻时的爱好——舞台设计。他最近的工作是：为英国国家芭蕾舞团2013年制作的《海盗》（Le Corsaire）设计场景和服装。

顶图：盖娅（乌比·戈德堡饰）在庆祝，她身穿金色长袍、长裤、长背心式长袍、帽子、靴子，前臂搭配"袖扣"。这顶特大号的帽子是布莱克曼的经典"披萨帽"之一。坐在她旁边的是乔迪·拉弗吉（莱瓦尔·伯顿饰），乔迪终于可以穿上礼服了。

上图：进取号全体船员团结紧密，为最后一部电影摆姿势合影。

对页图：设计师鲍勃·林伍德借用拿破仑·波拿巴及其"要么全有，要么全无"的侵略性思想，将邪恶的辛宗形象化。然后，他为这个准罗慕伦人（左）和他的雷慕总督（右）设计服装，给他们加上了一种类似昆虫外壳的彩虹色。

为美丽受苦

辛宗的服装看起来非常漂亮，但据演员汤姆·哈迪（Tom Hardy）说，穿上它又是另一番景象。"服装非常漂亮，鲍勃·林伍德是一位非常有才华的服装设计师，令人惊喜。"他在2002年说，"而且对我来说，这件服装给辛宗增添了光彩。因为他是一个卑躬屈膝、压抑的年轻人——一个被困在经验主义桎梏的中的小男孩。他本应该是一个皇帝，来自相当于里约热内卢的边境地区。"

但情况恶化了。"那是相当难受的，"哈迪坦言，"整件服装非常紧，几乎不能动，（隐喻）辛宗的一生都不曾允许有什么伸展空间。因此，它对我在入戏上是有帮助的，尽管它并不听我使唤，我真在里面动弹不得。"

哈迪总结说："穿上那件服装工作，就好像他们说：'不要与小孩或动物一起工作。'不要穿这样的服装工作——除非你准备好承受痛苦。"[20]

左上图：辛宗贴身服装的背面剪影，突出了手臂和躯干两侧的罗纹、衍缝徽章。

右图：汤姆·哈迪饰演辛宗。在《星际迷航：复仇女神》中，这位演员并不喜欢穿紧身不透气的服装。

对页左图和对页右图：罗恩·帕尔曼（Ron Perlman）饰演的总督，他也受到了服装的影响，由于着装里安装了不少假体，让他呼吸困难。

　　作为辛宗的忠实总督，演员罗恩·帕尔曼也不轻松。除了他那套同样紧缩的雷慕服装外，帕尔曼还不得不忍受层层的化妆品和假体来改变他的外表。但帕尔曼的态度多了一丝默默忍受的味道，也许是因为他在许多更知名的角色中——其中包括《美女与野兽》(*Beauty and the Beast*)中的文森特和1996年版《莫罗博士岛》(*The Island of Dr. Moreau*)中的法医——都同样被埋在乳胶和油彩之下。

　　"当你扮演一个抽象的角色时，这是一种不同的表演，总督就是这样"，帕尔曼在拍摄《星际迷航：复仇女神》时说，"当你扮演受化妆影响很大的角色时，你必须保留你对这个角色的理解，直到你最终彻底转变。"[21]

　　但帕尔曼也发现，他在雷慕人穿戴中的经历至少可以说是很费劲的。"服装从头到脚，包裹全身，因为它是由乙烯基制成的，全身无孔，"他说，"外套是这套服装的最高成就，是由厚厚的乙烯基制成的。我穿上它，我的皮肤和毛孔基本上都不能呼吸。由于我的头部完全被假体化妆所覆盖，所以除了通过我的嘴或鼻孔外，没有任何地方可以呼吸，这就更复杂了。这对我来说是一个身体上的挑战，我还没有做好准备。我们有六天的时间来拍摄一场非常精心策划的战斗。我所能做的就是当他们说'开拍'时，我能一鼓作气去做我需要做的事。"[21]

垫肩！为什么一定要用垫肩？

罗慕伦人（取决于你交谈的对象）聪明、大胆、凶猛、好斗、聪明、诡秘，或者只是单纯的阴险。他们的时尚感还很糟糕——而且你不必和太多的人交谈就能听到这种观点。在1966年的《星际迷航》中，罗慕伦人穿着的制服（由威廉·韦尔·泰斯设计）显示出一种准罗马角斗士的味道，这不寻常的纹理图案类似于格纹，至少从远处看是这样。20年后，在《星际迷航：下一代》中，泰斯决定对这种外观进行调整。虽然他呼应了格子图案，但他改了颜色，对面料进行绗缝，并增加了两个新的主要特征。

你可以称它们为类固醇垫肩。

同时，化妆主管迈克尔·韦斯特莫（Michael Westmore）更新了罗慕伦人的妆容，设计了浓厚的眉峰和额头中间奇异的凹陷。韦斯特莫解释说，他这样做是为了帮助观众区分瓦肯人和罗慕伦人——这两个密切相关的物种——同时也是为了使他们看起来比《星际迷航：原初系列》中的祖先更加凶猛。

"我讨厌罗慕伦人的新服装，"编剧兼制片人罗纳德·D.摩尔说，"讨厌那些大大的垫肩，讨厌那些绗缝。"

摩尔在《星际迷航：下一代》和姊妹剧《星际迷航：深

空九号》中担任工作人员。他还与人合作编写了电影《星际迷航：斗转星移》和《星际迷航：第一次接触》。即使在离开《星际迷航》15年后，在执行制作他自己的科幻电视节目，包括《太空堡垒卡拉狄加》（Battlestar Galactica）、《双螺旋》（Helix）和《古战场传奇》（Outlander）之后，这个特殊的服装仍让他记忆犹新。他说："我竭力争取新的罗慕伦人服装，争取了长达十年的时间，以摆脱那些垫肩，但没有人听我的，"出于某种原因，高层人士坚持认为必须保留这一设计特征。

几年后，当鲍勃·林伍德来到现场为《星际迷航：复仇女神》设计服装时，并没有人强迫他为罗慕伦人使用同样的服装。然而，他觉得他不能偏离《星际迷航》粉丝所习惯的东西太远，否则这些角色就不像罗慕伦人了。

"没有人喜欢大垫肩的罗慕伦人制服，"林伍德承认，"但我们必须要与之呼应。所以我们缩小了它的尺寸，做了一个稍微精致些的版本。我们尝试在设计中得到出比平时更高的质量，但又不失去迷人的不自然感品质。如果它变得太科技和太现实，它就会失去一些东西。诀窍是提升风格并保留原作的魅力。

"我非常幸运；我们得到了一种带有计算机圆点图案的装饰布，（类似于）不规则棋盘式的图案。我们用这种布料做了制服——刚好够做这些制服。真是走运！"[21]

大多数《星际迷航》长期的粉丝都很欣赏林伍德所做的改变。甚至摩尔也说他注意到了这种改进。但人们感觉到，如果摩尔还在为《星际迷航》工作，罗慕伦人可能会有更大的变化。

我现在宣布你们……

尽管**鲍勃·林伍德**负责为《星际迷航》中的非人类物种提供服装，但正在进行的电视系列节目的服装设计师罗伯特·布莱克曼为迪安娜·特洛伊创造了一件24世纪的婚礼礼服，这件华丽的粉红色礼服是两件式的，很有意义。布莱克曼曾为船员们的上一部作品《星际迷航：起义》设计过星际舰队的制式礼服。而这就是他们在《星际迷航：复仇女神》中，特洛伊和舰长威尔·瑞克婚礼上所穿的制服。

"特洛伊和瑞克的婚礼对我来说真的很特别，"莱瓦·伯顿（饰演乔迪·拉弗吉）说，"那是我第一次有机会穿上制服式礼服。"

"我记得是鲍勃·布莱克曼为我做的那套漂亮的服装，"乔纳森·弗雷克斯（威尔·瑞克舰长）回忆说，"我在《星际迷航：起义》中穿着它。我喜欢在《星际迷航：复仇女神》中穿着它参加我的婚礼。妙不可言！它有一个白色羊毛上衣和黑色休闲裤，还有金边。"

玛丽娜·赛提斯（饰演特洛伊）在拍摄《星际迷航：复仇女神》时，同样也对自己的服装表示喜爱，尽管她承认她想要的嫁妆中的几样东西其实不该要的。她解释说，每个人都希望在婚礼当天看起来很苗条，因此，她的女裙套在紧身胸衣上——胸衣绑在上身大约半小时，这并不是一个问题。然而，经过两天的拍摄，它更像是一个酷刑装置。鞋子也选错了。她希望鞋子高一点，因为她的准新郎有6英尺4英寸（约1.93米）高，而赛提斯只有5英尺3英寸（约1.6米）。

尽管由此产生了"脚痛"，就像爽健博士（Doctor Scholl）广告所说的那样，赛提斯表示她喜欢这种体验。"这场婚礼对我来说非常有趣，"她说，"无论你是一个真新娘还是一个假新娘，你都是这一天的公主。"[21]为了使这一镜头有更多的个人共鸣，赛提斯和弗雷克斯都戴着他们各自婚姻中的结婚戒指。

左上图：威尔·瑞克舰长（乔纳森·弗雷克斯饰）和他可爱的新娘迪安娜·特洛伊顾问（玛丽娜·赛提斯饰）。

上图：罗伯特·布莱克曼在《星际迷航：起义》时期更新了星际舰队制式礼服，在这个场合很是方便。

对页图：迪安娜·特洛伊的新娘礼服：两件套的礼服设计辅以粉红色的下摆和一双粉红色的王薇薇（Vera Wang）拖鞋。

星际迷航:
衍生系列

STAR TREK:
THE SPINOFF SERIES

你可以将《星际迷航：深空九号》《星际迷航：航海家号》和《星际迷航：进取号》，这三部剧集合称为"衍生系列"。由于前作非常成功，它们就作为其衍生品出现了，但随着剧集带领观众开启新的冒险、进入新的空间象限，并了解新角色迷人的生活之后，衍生系列也迅速吸引了一批热情的追随者。

在剧集中，观众们将看到：一位非裔美国指挥官，他驻扎的空间站又破又旧，所处的星域饱受战乱之苦；一位女性舰长，她指挥的飞船被抛到陌生星域；一位尚未经历试炼但心怀理想主义的探险者，带领一艘试验性飞船航行宇宙。该衍生系列时长近450小时，继承了《星际迷航》系列的优秀传统，又具备创新剧情、引人注目的视觉效果以及漂亮、复杂的人物服饰。这几部剧集仍然由罗伯特·布莱克曼担任服装指导。

上图：《星际迷航：进取号》人物（从左到右）：特拉维斯·梅威瑟（Travis Mayweather）、马尔科姆·里德（Malcolm Reed）、特珀（T'Pol）、乔纳森·亚契（Jonathan Archer）、佐藤星（Hoshi Sato）、福洛斯（Phlox）、塔克（Tucker）。
左图：《星际迷航：航海家号》人物（从左到右）：后排：哈里·金（Harry Kim）、图沃克（Tuvok）、医生；中排：汤姆·帕里斯（Tom Paris）、贝拉娜·朵芮斯、查科泰（Chakotay）；前排：凯丝（Kes）、凯瑟琳·珍妮薇（Kathryn Janeway）、尼利克斯（Neelix）。
对页图：《星际迷航：深空九号》人物（从左到右）：后排：沃尔夫、朱利安·巴希尔（Julian Bashir）、奥多（Odo）；中排：迈尔斯·奥布莱恩、夸克（Quark）、琪拉·泰瑞斯（Kira Nerys）；前排：健琪娅·戴克斯（Jadzia Dax）、本杰明·西斯科（Benjamin Sisko）、杰克·西斯科（Jack sisko）。

星际迷航：
深空九号

STAR TREK:
DEEP SPACE NINE

上图：戴克斯的演员特里·法雷尔（Terry Farrell）身穿她的连身工作服，手持三录仪。

对页图：《星际迷航：深空九号》中，西斯科舰长（艾弗里·布鲁克斯饰）和他的儿子杰克（西罗克·洛夫顿饰）。布莱克曼为杰克·西斯科设计了多彩的平民服，与他父亲的星际舰队制服形成鲜明对比，他的服装带有贝久人（Bajoran）的特点，也有优雅精致的时尚风。

1991年，时任派拉蒙影业公司负责人的布兰顿·塔蒂科夫（Brandon Tartikoff）打电话给里克·伯曼，请他为公司创作一部新的《星际迷航》电视连续剧。作为《星际迷航：下一代》的执行制片人，伯曼感到非常困惑，因为当时《星际迷航：下一代》正播放第五季，几乎每周都收视领先，为什么塔蒂科夫会想要取代它？

事实证明，塔蒂科夫并没有这个想法，至少不是明天就开始取代。"他想让我创作并开发一个新系列，作为《星际迷航：下一代》的配套节目，新系列将会和《星际迷航：下一代》同时播放大约一年半的时间，"伯曼解释道，"之后《星际迷航：下一代》将停播，而这个新剧集会陆续播出。"

这个想法也在理。制片人已经计划在《星际迷航：下一代》第七季播完后结束该剧集。为什么不在公众最喜爱的《星际迷航》节目停播之前，让他们对另一档节目提起兴趣呢？

于是，伯曼开始与迈克尔·皮勒（Michael Piller）一起着手开发这个节目。皮勒也是《星际迷航：下一代》的执行制片人，正是该节目最受欢迎的一集《两全其美》（The Best of Both Worlds）的编剧。两人将合作共同制作出一个关于太空的电视系列，然而该剧集并不讲述太空旅行的故事；与之前的剧集不同，他们这次将故事设定在一个位于遥远宇宙边疆的大型空间站。在这部剧集中，《边疆》（Frontier）带给人的联想将是17世纪基特·卡森（Kit Carson）在美国西部探索的那种野性十足的疆域。在这里，丧偶的指挥官将独自抚养他的儿子，并与来自银河系各地的物种进行有趣的（有时是可怕的）交锋。

伯曼和皮勒将该剧命名为《星际迷航：深空九号》。

听到他们的概念时，《星际迷航：下一代》的服装设计师罗伯特·布莱克曼非常感兴趣。空间站的设置让他想到了《大饭店》（Grand Hotel），这部1932年的奥斯卡获奖影片，讲述了一群毫不相干的人，相逢在一家大饭店，他们的生活也以意想不到的方式交错在一起。布莱克曼设想了许多穿着奇异服饰的有趣外星人。"当时感觉这是一项很有挑战性的任务，"布莱克曼回忆说，"有很多工作要做。我能够有机会设计更丰富的东西，我所说的丰富不一定意味着华丽，而是多层次的。我非常努力地向里克·伯曼争取同时负责两部《星际迷航》剧集的机会，而事实上，他也属意我来做这个工作。所以我把我的工作人员增加了一倍，并得到了一个助手——他们为我派了一位服装师，因此我肩上的担子得以减轻许多。我的工作真正变成了设计：让自己的设计得到批准，把东西送进工作间，并把配件做好。这就是七年来我的工作。"

正如他在《星际迷航：下一代》所做的工作那样，布莱克曼的

2 piece jacket

PANTONE® 483 C

PANTONE® 873 C

(A)

PANTONE® 161 C

PANTONE® 1395 C

(B)

PANTONE® 3302 C

PANTONE® 432 C

(B)

PANTONE® 697 C

PANTONE® 703 C

194

(B)

PANTONE® 168 C

PANTONE® 1405 C

KIRA

ODO

第一项任务就是为空间站的人员设计一套新的星际舰队制服。一些剧组人员反对这个想法。他们认为，给这部剧集制作一系列新制服，是一笔不必要的额外花销。毕竟，《星际迷航：深空九号》设置的时间背景与《星际迷航：下一代》相同。这样的时间线设置将允许故事情节和人物交叉出现，那么为什么船员们不能穿和皮卡德以及他的船员一样的制服？

但里克·伯曼认为，重新设计制服能让该剧具备自己独特的辨识点。"我认为，他将新制服看作一种吸引粉丝们兴趣的手段，"布莱克曼也评论说，"也许，这么做也是为了让玩具和游戏制造商对《星际迷航》保持兴趣。"

回顾了《星际迷航》过去的服装风格后，布莱克曼将目光投向了他过去为《星际迷航：下一代》所做的设计：即剧集《第一要务》（*The First Duty*）中出场过的星际舰队学院制服。该制服为连体服，和工人的工装服有些相似。以这种设计为出发点，布莱克曼保留了服装的基本形状，但他改变了当时用于现有《星际迷航》制服的配色方案。他没有沿用黑色肩部和亮色中襟的设计，而是将中襟改为黑色，将色块置于肩部。表示部门划分的色彩与《星际迷航：下一代》相同，暗红色表示指挥人员，蓝绿色表示科学和医疗人员，金色表示工程人员。与进取号上船员扣得严严实实的衣领不同，《星际迷航：深空九号》的队员将领子敞开来穿，连身衣部分拉开拉链，露出里面浅灰的丁香色T恤。这种设计传达了一种视觉信息：这是工作服，设计目的是，让穿着者在一个破旧的空间站上操作时有足够的身体自由去做任何需要的事情。因此，奥布莱恩军士长（他离开了进取号星舰，成为空间站上事必躬亲的运作主管）在穿制服时常常将袖子挽起来。一张简单的照片就突出了奥布莱恩愿意动手实践的特质。

人类星际舰队指挥官本杰明·西斯科［艾弗里·布鲁克斯（Avery Brooks）饰］是空间站的负责人，但深空九号并不是星际舰队的前哨站。该站的前身是一个矿石加工厂，它实际上属于贝久人。贝久人是附近一个星球上的人形居民，多年来饱受压迫，终于在最近获得了解放。贝久人的一支军事分遣队与星际舰队人员共同负责空间站的工作。

当然，贝久人的服装与星际舰队的制服不同。最典型的是颜色的差别，贝久人的服装主要是铁锈色或灰色，搭配同色的靴子。布莱克曼为贝久官员设计的制服为上下分体，采用罗纹面料，肩部和袖子部分采用拼接设计，使用不同的颜色，有时是原色的不同色调，有时则使用对比色，这取决于民兵成员所属的分部。

至于那些有趣的、身着奇装异服的外星人，他们将会一一拜访深空九号空间站。为他们设计服饰，布莱克曼和他的组员们永远不会感到无聊。其中服装最丰富多彩，或许也最古怪的，当属福瑞吉人。空间站喧闹酒吧的老板夸克就是一个福瑞吉人。

但这本身就是另一个故事了。

对页左上图：人物草图、配色和面料样本。在《星际迷航：深空九号》的第一季播出时，这些材料被送给获得派拉蒙授权的公司，让他们熟悉《星际迷航》人物的新外观。

对页左下图：罗伯特·布莱克曼，以及他在《星际迷航：深空九号》中为伟大的纳格斯·泽克（Nagus Zek）［华莱士·肖恩（Wallace Shawn）饰］设计的系列服装中的一款。

上图：奥多［勒内·奥贝尔若努瓦（Rene Auberjonois）饰］身穿第一季的贝久治安官制服。

在《星际迷航：深空九号》最终季，琪拉［娜娜·维西特（Nana Visitors）饰］晋升为上校，因此她获得了一套新制服。贝久人的通信徽章（上图）戴在制服右侧，不像星际舰队将其佩戴在左侧。虽然获得了晋升，琪拉仍然保留了贝久人的耳环（下图），这副耳环象征着她的信念。

左图：电影《星际迷航：第一次接触》上映后，《星际迷航：深空九号》第五季使用了为该片设计的星际舰队制服。

中图和上图：迈尔斯·奥布莱恩（科尔姆·米尼饰）穿着新制服，上面印有一名高级军士长的军衔徽章。

顶图：在《星际迷航：深空九号》《搜寻》（The Search）一集中，为电影《星际迷航七：斗转星移》制作的一款新的星际舰队通信徽章出现在电视观众面前。

福瑞吉人的来历

　　吉恩·罗登贝瑞开始创作《星际迷航：下一代》时，他特意叮嘱编剧，要避开进取号船员与敌对的克林贡人和罗慕兰人发生冲突的故事。罗登贝瑞认为，由于星联和这两个物种间的冲突一直是《星际迷航：原初系列》故事发展的可靠推动力，因此新系列最好不要提到他们。他希望这部新剧能创造出一个新的邪恶物种，而该物种会成为星际舰队及其联邦的新对手。

　　负责创造这种新物种的是联合制片人赫伯特·赖特（Herbert Wright）。他记得，在《星际迷航：原初系列》中，联邦和克林贡人之间的裂痕是受到实事启发，那时美苏正处于冷战之中。于是他开始在当代实事中寻找灵感。当时在美国有一种与日俱增的担忧，认为华尔街和美国金融业充斥着毫无道德感的"野蛮人"，这些"野蛮人"吸引了他的目光。最终赖特决定，将新的反派种族设定为一种流氓大亨，这些流氓大亨将利润视为银河系中最重要的东西。

　　不幸的是，这种被称为"福瑞吉人"的物种在初次亮相时表现不佳。这些侵略者身材矮小，有着大大的耳垂，看起来和可怕完全不沾边。威廉·韦尔·泰斯为他们设计的服装——宽松的灰色睡衣外罩，原始人风格的人造毛皮——对于塑造福瑞吉人可怖的形象显然毫无助益。在第二季中，服装设计师杜林达·赖斯·伍德将他们的服装从人造毛皮升级为军装，而编剧们则将他们的行为描述得更加犀利，希望这样一来，人们能真正将他们看作是有威胁力的反派。但是，无论是粉丝还是制片人，没有人将这些贪婪的、像地精一样的新资本家当一回事。

　　然而，杜琳达，这位在《星际迷航：下一代》第三季时加入团队的服装设计师，将这种劣势转换为了一种优势。

　　"杜琳达设计出了非常棒的制服，有点像爱丽丝梦游仙境角色'双胞胎'穿的双面编织的橄榄绿毛衣，非常搞笑，"罗伯特·布莱克曼说道，"作为恶棍，他们表情严肃，独断专行，具有反派应该有的一切特征。但是他们的身体又矮又胖，还有一个愚蠢的大脑袋，无论他们穿什么，都自带喜剧效果。"

　　然后，在《舰长假期》（Captain's Holiday）一集中，皮卡德舰长被剧本带到了娱乐星球里萨（Risa），在那里他遇到了一个阴险的福瑞吉人。"我得为这个角色设计一些度假装扮，"布莱克曼说，"所以我把他打扮得像一个小镇游客在夏威夷度假时的样子，五颜六色，奇形怪状。"

　　"这一集播出后，"他继续说，"甚至有人打电话给我说福瑞吉人有多么滑稽，作为一个角色有多成功。这让我有底气说：'你知道吗？穿便装的福瑞吉人和穿制服的福瑞吉人完全是两码事。'我认为这最终说服了编剧，让福瑞吉人彻底摆脱了制服。所以当他们成为《星际迷航：深空九号》中的重要角色时，他们就很少穿制服出现了。"

　　布莱克曼对福瑞吉人服装所做的改动，与执行制片人迈克尔·皮勒对新剧集的规划，两者不谋而合。

　　皮勒曾在1992年说道："我很清楚，在《星际迷航：深空九号》上出现一个名叫夸克的福瑞吉角色，会让这部剧充满即时幽默和内在冲突，与夸克合不来的人不少，既有负责空间站的联邦官员，也有我一直视为本镇'警长'的奥多（勒内·奥贝尔若努瓦饰）。我认为夸克作为一个酒吧酒保，是法律和秩序执行者们的眼中钉，但他的表现方式是很幽默

的。他能为剧集注入活力。"

　　皮勒的肯定让布莱克曼信心大增，他开始尽情做出有趣的设计。"我为这些福瑞吉人角色设计了很多充满奇幻色彩的服装和装饰，使用了非常大胆的配色，"他对这段美好的回忆津津乐道，"阿明·希默曼（Armin Shimerman）是夸克的扮演者，巧合的是，他也是在《最后据点》（The Last Outpost）一集中穿着毛皮蹦蹦跳跳的福瑞吉人之一。他很有冒险精神，愿意去做各种各样的尝试。他甚至主动要求这么做。于是我在服装设计上不断超越自我，一件接一件。在剧集的最后，持续创新变得越来越困难，因为我真的有点江郎才尽了。不过编剧们还在不停为服装提供新的素材。我说真的，夸克打扮得像个女人！这就像对我说：'去吧，你可以去游乐场，随你想玩什么都行！'"

上图：夸克（阿明·希默曼饰）拥有《星际迷航：深空九号》所有角色中最大、最奢华的衣橱。

对页图：以杜林达·赖斯·伍德为《星际迷航：下一代》设计的正式但略显愚蠢的福瑞吉制服（左）为灵感，罗伯特·布莱克曼作出了更为离经叛道的设计。夸克的三件套是众多花哨着装中的一套（右）：包括一件短羊毛夹克、一件彩色棉衬衫、一件无袖羊毛连体衣和一双绿色靴子。

福瑞吉人的女性时尚

任何希望成为福瑞吉纳星（Ferenginar）服装设计师的人，都最好选择另一条职业道路。这是因为，除了不允许福瑞吉女性赚取利润外，也不允许她们穿任何衣服。没错，在任何时候，佛瑞吉女人都得赤身裸体。

因此，当女性贝久人丽塔（Leeta）[蔡斯·马斯特森（Chase Masterson）饰]和男性福瑞吉人罗姆（Rom）[马克斯·格隆切克（Max Grode'nchik）饰]坠入爱河时，他们发现，为新娘选择婚纱非常具有挑战性。常住在空间站上的裁缝伊利姆·盖瑞克（Elim Garak）[安德鲁·罗宾逊（Andrew Robinson）饰]向这对情侣展示了153套不同的服装，从特拉维（Tellarite）现代服饰到瑞斯恩（Risian）传统服饰应有尽有，但挑选的过程并不顺利。在电视剧的某一幕中，这对夫妇正琢磨着一副瑞斯恩样式的草图，观众可以看出两人要达成一致有多不容易。

罗姆：我喜欢这套。你觉得呢？

丽塔：罗，这就是两条手帕和一条腰带。

罗姆：我想我们可以去掉手帕。

丽塔：不管福瑞吉的传统怎么样，我绝不会在婚礼上裸体。

罗姆：谁说要你裸体了？这儿还有条腰带呢。

丽塔：请给我们看看其他服装。

尽管罗伯特·布莱克曼担任该系列剧集的设计师，而在剧中，盖瑞克是空间站上的裁缝，但他们两人都不是那副漂亮的瑞斯恩草图的创作者。约翰·埃夫斯（John Eaves）是《星际迷航：深空九号》艺术部的插图画家，是他创作了这幅婚礼场景的插画。

上图：制作插画师约翰·埃夫斯创作了一副插画，描绘了罗姆为丽塔选择的婚礼礼服的样式。

右图：丽塔（蔡斯·马斯特森饰）与罗姆（马克斯·格隆切克饰）对美有不同的看法。站在他们背后的是罗的儿子诺格（Nog）[阿隆·艾森伯格（Aron Eisenberg）饰]，他不偏向任何一方。

你好，请问这是悉尼歌剧院吗？

在《星际迷航：深空九号》第一季最后一集《由先知掌控下》（*In The Hands of the Prophets*）中，奥斯卡奖得主、女演员路易斯·弗莱彻（Louise Fletcher）客串出场，饰演一位野心勃勃的宗教领袖。弗莱彻将韦德克·温恩（Vedek Winn）那副令人讨厌的模样表演得惟妙惟肖，她的举止总是散发着"我比你更神圣"的意味，其出色演出也给编剧带来了灵感，让她一次又一次地在剧集中出场。但她初次出场的一集中，观众或许对她的某种饰品——她的帽子——给予了过度的关注，这完全可以理解。

"它看起来像悉尼歌剧院，"编剧罗伯特·休伊特·沃尔夫（Robert Hewitt Wolfe）也承认的确如此，但他否认在写剧本时提到过温恩的服装。他不确定这顶帽子与澳大利亚地标如此相似是否是服装部门有意为之。"但是，"他补充道，"这顶帽子看起来很酷。"

当被问及这顶帽子与歌剧院的相似性是有意还是无意，或是否是巧合时，服装设计师罗伯特·布莱克曼的回答稍显神秘。"所有这些因素都发挥了作用。"他回答道。他认为，帽子设计成如此形状，主要还是出于巧合。他说："你想啊，你正努力创造一些观众从未见过的，有趣、奇特的形状。需要考虑线条的节奏，还有很多其他事情。但我不可能坐下来一拍脑袋然后就说：'哦，悉尼歌剧院，我们参考它来做一顶帽子吧！'"

上图及右图：温恩教宗（路易斯·弗莱彻饰）和她独特的贝久人服饰。

戴克斯和婕琪亚的婚礼

　　无论在外太空还是在蒙古婚礼都是一件大事。要在这座由卡达西人（Cardassian）建造，目前属于星际舰队的空间站上，举办一场精心设计的克林贡式婚礼，听起来可能非常奇怪。但不管举办地点在哪儿，沃尔夫（克林贡人）和婕琪娅（楚尔人）都应该能获得一场传统的婚礼。因此，我们在婚礼中能看到一些古老的东西（共生体，一种居住在准新娘体内的、古老的、有知觉的蠕虫状生物），一些新的东西（这是《星际迷航》系列中两个主要角色首次结为夫妻），一些借来的东西（这一集的服装灵感部分来自《星际迷航》早期的设计），还有一些……红色的东西。非常鲜艳的红色。

　　"那个嘛，嗯，你能怎么做呢？"《星际迷航：深空九号》的服装设计师罗伯特·布莱克曼笑着说，"克林贡新娘会穿白色去参加婚礼吗？绝对不会！"

　　布莱克曼指出，为沃尔夫和婕琪娅设计的婚礼礼服致敬了服装设计师罗伯特·弗莱彻的作品。"这套礼服是我对他为第一到六部星际迷航电影设计的克林贡人服装的诠释。这件服装带有伊丽莎白时代紧身上衣的影子。"

　　至于为什么用那个颜色……

　　"我知道婚礼将在夸克酒吧举行，很多人都会参加，穿着各种颜色的衣服，因为《星际迷航：深空九号》的服装非常多彩。我想让婕琪娅脱颖而出，在她进来时艳惊四座。我想让她的服装看起来很有气场。当导演告诉我他计划拍一个俯视镜头时，我意识到皮革是最好的选择。所以我们为她做了这件惊艳的皮革连衣裙，并为沃尔夫做了一套配套的皮革套装。"

　　但单用皮革做不出婚礼礼服或燕尾服，他们还需要加上一些小玩意儿。"鲍勃·布莱克曼给了我他设计的服装的

缩略图，然后拿着记号笔说：'这里加点首饰，那里加点珠宝，那里也加点珠宝。'"金属艺术工作室的玛吉·施帕克回忆道，"我拿出了一些模型，然后鲍勃过来说：'没错，就这么做吧。'"

　　"这都是克林贡人装饰的基本元素"，施帕克继续说道，"他们的袖口由一种看起来像假'太空豹'的特殊织物制成。我们在袖口上添加了金饰品。这些饰品的设计参考了三个克林贡字符（罗伯特·弗莱彻在几年前创造了这些字符，甚至给这些字符赋予了象征的意义）。在《星际迷航五：终极先锋》中，我们为科尔将军设计的制服袖口也装饰着这几个字母，但我们的版本更精致。不过，我们之前从未制作过克林贡人的便服，所以我的搭档汤姆·布朗重新对这几个字符进行了调整，让它们的形状更像首饰，同时又仍然保留克林贡特色。在铸造完成之后，我们加上了一些用树脂制成的宝石。婕琪娅和沃尔夫的宝石是红色的，我们也为婚礼的女主持人制作了一些绿色的宝石。

　　"鲍勃的工作室给我寄了一张新娘胸前礼服开口的纸样，这样我就可以围绕这部分设计细节装饰，"施帕克说，"我用'手边能找到的任何东西'做装饰，比如金属制品、珠链和装饰品。比如，我会拿一个铆钉，把它的尖头剪下来，然后把铆钉焊接到一个小盘子上，然后在上面挂一个环，像这样不断往上加东西，直到装饰的部分被填满为止。所以，这只是一些东西组装起来的产物。"

　　施帕克笑着补充道："我们为他们两人制作了皇冠、项链、一个新的肩带，还给沃尔夫做了一个非常精致的腰带扣。通常，我们会提前一周拿到电视剧本。但是这集的婚礼让制作的工作多了不少，所以我们提前两周拿到了剧本。"

沃尔夫和婕琪娅的婚礼头冠

"沃尔夫和婕琪娅在婚礼上都要戴头冠。我们给沃尔夫
做头冠时遇到了很多麻烦，因为迈克尔·多恩戴着一个很大
的头部假体，我没时间从工作室取一个头模，来确定假头的
大小和形状。即使我能拿到头模，设计工作也仍然会很艰难，
因为头部假体的质地有点像泡沫，质地坚硬的头冠没办法像
直接戴在头上那样刚好合适。所以我决定为他们两人做皮革
头带，并在头带上组装出一个头冠。我从头开始，做了一堆
不同的小装饰品，都是一些小管子和扁平件，然后把这些东
西凑在一起，全部打磨和上漆。我铸造了四五个小塑料饰品，
每个都有不同的形状，并铸造了一些金属饰物。最后，我将
这些饰物固定在皮革上，使它们紧挨着，这样它看起来就像
一个头冠，不过，这头带足够灵活，可以符合他假体的形状。

"然后我为婕琪娅做了一个小一号的。如果你仔细观
察，你会发现她的右眼上方的那个饰物上面有一块宝石。
我用金属铸造了这个饰物，可以在上面镶上宝石。上面有
粘有小球的饰物也是金属的，刚好可以焊接起来。其余的
饰物则是塑料做的。所以，这个皇冠是由各种东西组装起
来的一个有趣的结合体。"

——玛吉·施帕克

上图：克林贡头冠由金属艺术工作室的
玛吉·施帕克用皮革、塑料和金属片、
一些装饰品和一两块宝石制作而成。
对页图：婕琪娅的长袍：一场华丽面料
的狂欢。

要怎么给一个克林贡人着装呢？（答案是：非常小心地）

演员J.G.赫茨勒（J.G. Hertzler）在《星际迷航：深空九号》中扮演克林贡国防军的马托克（Martok）将军。他所穿的服装是多年前为《星际迷航》电影制作的。后来，几位扮演不同克林贡角色的演员都穿过它。

让赫茨勒穿上全套装备，化身为马托克出场绝非一件易事。"我必须在做头发和化妆的间隙穿上服装，"赫茨勒说，"我在早上四点就会到达摄影棚。首先要穿上一件黑色无袖T恤。所有扮演克林贡人的演员都得在他们的服装下面穿上这种服装来吸汗。那些制服穿上真的很热，让人汗流浃背！穿上T恤之后，我就会去化妆的拖车上待几个小时。

"接下来是裤子。裤子的材料非常有弹性，很像氨纶，但不会那么闪亮。裤子有结实的吊带，可以将裤子拉得紧而平整，这样裤子就不会有任何皱褶，裤子底部有踩脚带。

"接下来，我要在裤子外面套上靴子。这是一双巨大的靴子，鞋底有两到三英寸那么高，穿上简直不能走路。饰演克林贡人的演员很多都崴伤了脚踝！

"穿完裤子和靴子后，我会去把假发戴上，用别针别好，好继续穿剩下的衣服。下一件要穿的是一个皮革领子，它挂在我的脖子上。然后要在吊带外面穿上一件极端的束腰外衣。克林贡人束腰外衣的材料看起来非常像真皮，但不过只是仿得很像的假皮革罢了。服装上装饰有很多小金属片。用钢铁和皮革做的衣服，穿在这些无政府主义的忠实追随者身上一定很好看。

"然后，要系上皮带。我尽量把它系紧，因为它能把束腰外衣扣上。皮带扣是用树脂制成的，前面有五个小铆钉。皮带扣的后面有一根垂直的杆，这样皮带就可以穿过并向后拉，以固定在一些尼龙搭扣上。有时我们会在皮带上挂一些东西，比如相位枪或皮口袋。

"接下来系上腰带，如果你计划那天戴上它的话。但是在你戴上它之前，腰带下面的肩膀上有一条长长的铜链子；上面有一把德克塔赫（d'k tahg）刀。如果你戴着裂解枪，枪套会绕过你的臀部，你必须把枪套绑在腿上，就和约翰·韦恩演的那些枪手戴枪套的样子差不多。所有东西穿戴好之后，就可以戴上腰带。

"最后，我会穿上上身盔甲，这副盔甲实际上是很多块拼成的，但我从来没有看到过它们拆开来的样子。它们都由非常厚重的尼龙搭扣扣在一起，这样盔甲就不会从你身上脱落。

"束腰外衣的右胸前有三个小管子。我不知道它们是干什么用的，那三个包铜的黑色金属管子。它们应该有些象征意义，但我们从不知道具体是什么。我们中有些人说它们代表等级，其他人说它们是克林贡人版本的胡椒喷雾。

"鲍勃·布莱克曼知道演员们的感受。如果你身体不适，就会影响你在镜头前的表现。在拍摄间隙，我可以打开束腰外衣，但我需要帮助。扣件非常小，对于克林贡人的大手来说打开扣子并不容易，所以需要有人帮忙把扣子解开，然后我会坐到一个巨大的风扇前面。鲍勃总是很为他人着想，我很喜欢和他一起工作。"

左上图：马托克的服装是从《星际迷航》电影中继承来的。

右上图：马托克（J.G.赫茨勒饰）。"穿着克林贡服装，你走路就会像乌龟一样蹒跚而行，"高崀的饰演者罗伯特·奥赖利（Robert O'Reilly）这么说道，作为克林贡领导人，高冈（Gowron）常常和马托克意见不合。

慰安妇

《比死亡和黑夜更黑暗的错误》(*Wrongs Darket than Death or Night*),人们看到这集的标题,自然会期待故事情节包含那么一点肮脏的部分。剧本聚焦于卡达西人统治贝久的时期,当时漂亮的女性贝久人被俘虏,被迫成为卡达西占领者的"慰安妇"。在服装部,罗伯特·布莱克曼面对着一项熟悉的任务:让女演员看起来非常性感,但又不能超过电视播放允许的范围。

"允许一般大众观看"和"仅限有线电视播放"之间有一条界线,布莱克曼指出:"我为剧中的达博(Dabo)女孩们设计的衣服差不多就正好踩在这条线上(达博女孩指在夸克酒吧工作的拉斯维加斯风格的赌场女孩),换言之,我只能尽量偷偷往里塞一些大尺度的设计。这些慰安妇本应该看起来像迷人的后宫女孩或应召女郎,但因剧情原因,琪拉(娜娜·维西特饰)以及她母亲的装扮仍然需要保持一定的尊严,否则会削弱这一集结尾的剧情效果。我们不能把领口做得太低,因为那太俗气了。最好为裙子设计漂亮的长开衩,能看到一些腿部线条,这会给人一种整个曲线暴露无遗的印象。

"当我与群演(比如达博女孩)打交道时,我更容易把握这个度,而对主要角色的处理会更困难一些,"布莱克曼指出,但最终,对于这些"既有些达博女孩风格,又有些贝久人风格,还有些卡达西风格的裙子",他十分满意。

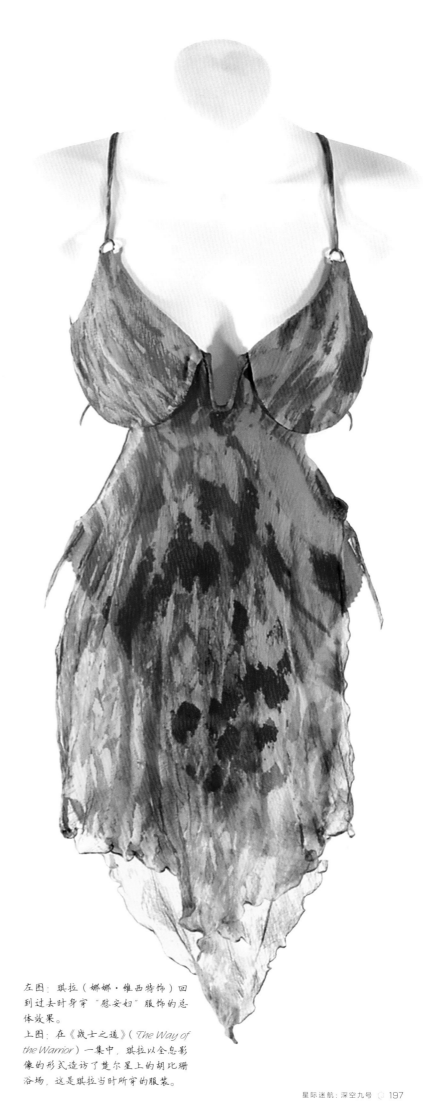

左图:琪拉(娜娜·维西特饰)回到过去时身穿"慰安妇"服饰的总体效果。

上图:在《战士之道》(*The Way of the Warrior*)一集中,琪拉以全息影像的形式造访了楚尔星上的胡比珊浴场,这是琪拉当时所穿的服装。

上图：编剧们将《星际迷航：原初系列》中的三名克林贡勇士带入了《星际迷航：深空九号》。布莱克曼需要重新设计他们的服装。这三名克林贡人包括：在《和平鸽之日》一集出场的康（对页图），以及于《毛球族的麻烦》（*The Trouble With Tribbles*）一集中出场的更成熟的科洛斯（Koloth）。

插图：在《星际迷航：深空九号》《血誓》（*Blood Oath*）一集中，演员们重新扮演他们的角色：从左到右分别为科尔（约翰·科里科斯饰）、科洛斯（威廉·坎贝尔饰）和肯（迈克尔·安萨拉饰）。

卡达西人及其相关：通力合作与醒目的锁骨

没有谁或剧组部门是一座孤岛。要完成一项工作，就算不需要一大帮人，至少也需要一名选角导演、一名化妆设计师和一名服装设计师参与其中。比如塑造残忍的卡达西人形象。

"我和化妆设计师兼主管迈克尔·韦斯特莫常常坐在一起聊天，"罗伯特·布莱克曼回忆说，"我们会讨论我们最近做了什么，没有做什么，以及我们之后要做什么。我们谈话时经常提到某人脖子的大小，因为脖子的开口实际上是演员化妆对我工作影响最大的地方。"

这一点在《星际迷航：下一代》剧集《伤员》（The Wounded）中登场的新物种卡达西人身上体现得格外突出。韦斯特莫的灵感大多来自动物，他一直考虑设计一种以蛇的形象为灵感的化妆，当卡达西人出现时，他决定在这个物种的化妆设计上一展身手。"我创造了一排沿着脖子两侧延伸到肩胛骨尖端的骨脊，给人一种奇怪、危险的感觉，就像正在猎食的螳螂或眼镜王蛇"。韦斯特莫说，"长脖子和尖利、棱角分明的脸会很适合这种妆容，因此找到具有合适的身体特征的演员非常重要。"演员马克·阿莱莫（Marc Alaimo）已经在该系列中出演过两个角色，第一次出演一个安肯提人（Antican），后来出演一个罗慕兰人，因此演员办公室的工作人员都很清楚他的身体特征。只用一个电话，他就成了第一个卡达西人的扮演者，角色名为梅塞特（Macet），是一个看起来很有同情心的军舰指挥官。

"马克是一个了不起的家伙，他的身体脂肪含量为零，"布莱克曼评价道，"我为他设计了一套模仿爬行动物的橡胶服，其中包括一条沿着锁骨曲线一直延伸到肩膀末端的贝托领口，以适应迈克尔设计的那些令人惊异的细长侧颈。制作这套服装非常耗费精力，它的结构有点像拼图，由许多块活动的有点硬的泡沫板拼成，我们用这种泡沫覆盖了他93%的身体，然后用一种看起来像皮革的、非常昂贵的聚酯纤维覆盖在泡沫板外面。我记得制作一套服装得用311块泡沫粘在一起才行，"布

莱克曼特别提到，"我们做好这套服装之后，后来的每一个扮演卡达西人的演员都必须和马克·阿莱莫差不多身材才行。"

在此后播出的《星际迷航：深空九号》中，卡达西人成了剧里的常驻角色，他们将成为该系列的主要反派。几乎每周都会有一大批又高又瘦的演员出现，准备按韦斯特莫设计的模样化妆，穿上布莱克曼准备的服装。这些演员中，阿莱莫是最杰出的一位。但是阿莱莫没有扮演他以前的角色梅塞特。取而代之的是，他被塑造成了邪恶的杜卡特（Dukat）格武上校。这些瘦长的外星人的造型让人惊叹，不过，也许他们有点过于相似了，每个人看起来都差不多。到第二季中期时，执行制片人艾拉·史蒂文·贝尔开始有些担忧。"我们担心这些卡达西人的长相太相像了，"他说，"我们希望剧里能出现梨形身材的卡达西人，以表明它们并不是都长得一样。"

因此，身材比较魁梧的演员约翰·舒克成为第一个与众不同的卡达西人。在《马奇游击队（下）》（The Maquis, Part II）一集中，舒克扮演了一个多管闲事的军事官僚，名叫帕尔恩。为了迎接这项挑战，布莱克曼做了一系列的改动，最终彻底取消了泡沫板的设计。"从那以后，我们制作的服装可以适应更胖的演员，"设计师说，"虽然这可能是他们能做到的极限了。"

左图：马克·阿莱莫饰演的第一个卡达西人梅塞特格武，于电视剧《星际迷航：下一代》出场。
下图：阿莱莫后来在《深空九号》中扮演了一个不同的卡达西人——邪恶的杜卡特格武。

卡达西平民

"当《星际迷航：深空九号》的剧本中出现了像盖瑞克一样的卡达西平民时，我最初也想让它们穿上和卡达西军人类似模仿爬行动物的橡胶服。但后来我改变主意了，觉得他们不应该还是穿着橡胶服。于是我开始寻找一些优秀的面料——比如说绗缝布，一种有绗缝花纹的机织面料，它非常厚重；还有圈绒布，是一种针织面料——我把这些材料层压到极薄的氯丁橡胶上。这种材料制成的服装有一些非常有趣的特质。当演员弯曲手臂或腿时，这种材料会以一种看起来不自然的方式弯曲，这种弯曲的样子在人类身上是不会出现的。而且，无论演员的站姿如何，这些材料都不会出现任何皱纹。我通过这种方式来展现他们作为卡达西人的特质，虽然他们是平民，但他们仍然被管控的很好。"

——罗伯特·布莱克曼

左图：杜卡特在《星际迷航：深空九号》中的服装。
上图：该剧中最著名的卡达西平民，是由安德鲁·罗宾逊扮演的伊利姆·盖瑞克。虽然观众知道这个角色是一个老练的间谍，但他总是把自己描述成"平平无奇的盖瑞克"。

沃塔人（Vorta）是一种经过基因改造的物种，擅长谈判和管理。布莱克曼为他们设计了带有繁复细节的服装。这些服装通常带有不对称的束腰外衣，面料独特，有宽大的披肩状领子。你可以把这些服装想象成外星人的职业套装。当然，这对于摇滚歌手伊基·波普（Iggy Pop）来说无疑是一个奇怪的选择，因为他之前多次在舞台上"赤膊上阵"，名气更大。他在《宏伟的福瑞吉》（The Magnificent Ferengi）一集中客串出演了一名沃塔人。

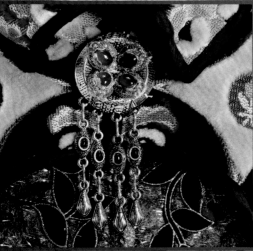

在《星际迷航：航海家号》的《不义之财》（False Profits）一集中，尼利克斯［伊桑·菲利普斯（Ethan Phillips）饰］化身为所谓的大代理出场，即福瑞吉纳伟大的内格斯的"官方信使"。他穿着装饰过度（但细节精美）的丝绒材质镀金服装，这种打扮证实了他的重要地位。

星际迷航:
航海家号

STAR TREK:
VOYAGER

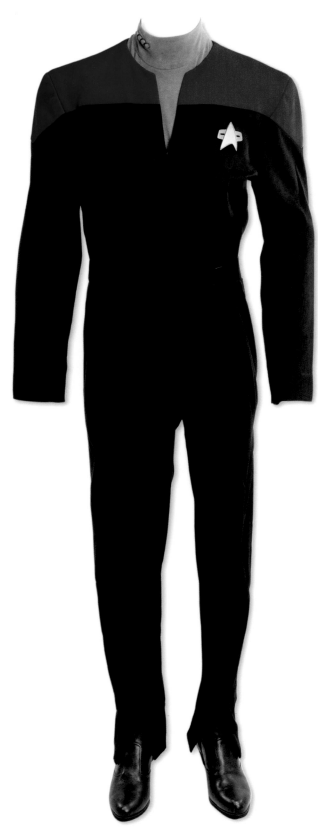

上图：为了适应新舰长的需要，服装师对《星际迷航：深空九号》的连体服做了一些修改。

对页图：联邦星舰航海家号的舰长凯瑟琳·珍妮薇，由凯特·穆格鲁饰演，她是第一位在《星际迷航》电视连续剧中担任舰长职务的女性。

在1995年1月，《星际迷航：下一代》剧集播放完毕仅八个月后，派拉蒙影业公司创建了一个新频道：联合派拉蒙电视网（UPN）。该频道的旗舰节目是一个全新的电视剧：《星际迷航：航海家号》（Star Trek: Voyager），由里克·伯曼、迈克尔·皮勒和《星际迷航：下一代》的资深编剧及制片人杰里·泰勒（Jeri Taylor）共同创作。

《星际迷航：深空九号》此时已经播出两年，首播联卖的效果也很成功。空间站的设定为故事的不断发展创造了大量机会，但由于进取号已不再定期的电影以外的地方出面，制片人决定，是时候再次派遣一艘星际飞船去执行太空探索任务了。在这个前提下，他们稍微做了一些改变：新飞船将被强大的能量波困住，抛入7万光年之外的银河系未经探测的象限。这艘受困飞船的舰长估计，即使以曲速航行，也需要将近70年的时间才能返回家园，除非他们能找到一条"捷径"，让他们更快到达目的地。

制片人把这艘飞船命名为"航海家号"，剧集也与之同名。虽然它和前几部星际迷航有相似之处，但也有所不同。首先，航海家号将由一名女性担任舰长，轮机长也是女性。

这就引出了服装设计师罗伯特·布莱克曼的第一个任务。船员们的制服看起来会和《星际迷航：深空九号》中的制服相似，但有一些重要的调整。布莱克曼解释说："那套连体服是专为男士设计的，我得想办法把它修改得适合女性穿着——主要是那两位关键女性角色。我们为凯瑟琳·珍妮薇舰长〔凯特·穆格鲁（Kate Mulgre）饰〕和工程师贝拉娜·朵芮斯（罗克珊·道森饰）设计了羊毛材质拉链开衫制服。我认为她们两人穿上这身看起来都挺不错。"

布莱克曼和他的员工们同时制作《星际迷航：深空九号》和《星际迷航：航海家号》，忙得不可开交。但他说："我们已经准备好了。我们的工作室最初是由里克·伯曼和吉恩·罗登贝瑞建立，它摆脱了派拉蒙服装部门的掌控，它在另一栋楼里。到拍摄《星际迷航：航海家号》时，工作室的面积和员工人数已经增加到大约原来的三倍了。

"当我们需要同时负责两部剧集的服装工作时，比如说之前我们同时做《星际迷航：下一代》和《星际迷航：深空九号》，后来又需要同时做《星际迷航：深空九号》和《星际迷航：航海家号》，我们会有两个完整的团队，大约30人。因为他们给我配备了足够的人手，我们可以应付各种各样的任务。如果我们没有这么多人手，就不可能完成这项工作。"

《星际迷航：航海家号》一开始播出就获得了极高的收视率，而且其播出过程中一直是联合派拉蒙电视网收视率最高的剧集，这部剧集以富有创意的情节，以及该船与博格人的频繁接触为看点，更不用说还有一位性感的前博格人——"九之七"（Seven of Nine）的魅力加持了。最后，该剧不仅保持了自己的收视率，而且把迷途的航海家们成功带回地球。

单恋

　　尼利克斯（伊桑·菲利普斯饰）是航海家号上的泰来克斯人（Talaxian）厨师，也是一个什么事都会一点儿的万事通。他在这部剧里扮演角色的功能，和《星际迷航：深空九号》中的角色夸克相同。尽管他是核心角色之一，但他足够置身事外，能对人性的本质做出令人信服的、独立的评论。史波克在《星际迷航：原初系列》发挥的作用也差不多，正如《星际迷航：下一代》中数据（Data）的作用一样。

　　如果从角色服装的角度来看，尼利克斯和夸克就很像了。在《星际迷航：航海家号》中，罗伯特·布莱克曼为他设计的服装最为独特、有趣，而且从未让他穿过制服。"这个家伙来自一个非常有异域风情的地方，"布莱克曼笑着说，"那里的人会穿很多奇怪的彩色服装。"其中一些有时会让夸克破费不少。

　　但在创造尼利克斯这个人物时，制作人犯了一点错误。尼利克斯这个角色的重要个性特征在于他对凯丝（Kes）[詹妮弗·林（Jennifer Lien）饰] 矢志不渝的爱。凯丝是

一位可爱的女性奥康帕人（Ocampa），尼利克斯救了她一命。凯丝很讨人喜欢，但出于某种原因，她的设定引发了一部分观众的不满。

　　她身上缺少一些东西，而对罗伯特·布莱克曼而言，到底缺什么是显而易见的，那就是性吸引力。"从一开始，"他说，"我就一直对我的剧组说：'吸引十四到四十三岁男性观看剧集的女孩在哪儿呢？我看不到这个角色和我们的粉丝群体之间的关联。'詹妮弗·林是一个非常好的演员，但凯丝这个角色太甜美、太纯洁、太不切实际了。"

　　她的服装也反映出这一点，她的服装款式对于年轻女孩儿们来说更有吸引力。"最终，"布莱克曼解释说，"制片人不得不意识到，他们正在失去男性观众，因为凯丝和尼利克斯之间的感情无法抓住观众的注意力。"

　　布莱克曼说："他们需要的是一位从头到脚散发着性感的女神。'九之七'的饰演者洁蕊·瑞恩（Jeri Ryan）身上正有这种特质。"

左上图：凯丝（詹妮弗·林饰）和尼利克斯（伊桑·菲利普斯饰），一段命运多舛的恋情。

右上图："我花了好些时间才找到适合尼利克斯的异国情调面料，"罗伯特·布莱克曼说，"我跑了好多趟，简直鞋底都磨穿了。"凯丝的制服则比较简单，材料也更容易找到。

对页图：作为一个没什么戏的角色，尼利克斯有一套时髦的服装。他曾多次穿这套印花的服装：上半身是一件土黄色调的天鹅绒花衬衫，外面套着一件绿黄相间的短袖夹克，用尼龙搭扣固定，下半身则是同样花色的裤子。

九之七的进化

形式需要适应功能，在某些情况下，两者可以配合得天衣无缝。就拿《星际迷航：航海家号》中九之七在最初登场的几集穿的那套银色套装来说吧，真的很惊艳。

"阿七本来是再生型的，所以制片人希望她穿的衣服应该看起来介于博格人和人类的服饰之间，"罗伯特·布莱克曼解释说，"我脑子里一直思考着'再生'这个概念。我想：'好吧，这不可能只是一件紧身衣。'因为制片人一直这么说：'我们只是想要一件紧身衣。让她穿点什么就行了。她的身材凹凸有致，魅力超群。'而他们呈现其曲线的方式只不过是把领口开得非常低罢了。

"洁蕊·瑞恩和我见面之前，他们发给我了一些头像照片，可以看出，她是一个非常美丽的女人。但头像照片无法展示她的身材。然后，在我读过剧本开始画画的时候，我对执行制片人里克·伯曼说：'我不认为这个角色仅仅只是为了迎合年轻男孩。我认为即便她没有一个好身材，作为一个角色，她也会很有趣。我知道你想突出她的身体曲线，让我试试看，能不能给你做出些非常性感的设计，同时还把她从脖子到手腕，遮得严严实实，甚至连鞋子也不露出来。'

"后来洁蕊进入了剧组，她表现真的很出色。她有我想要突出的特质。她的身材可能是和我共事的演员中最好的，该苗条的地方苗条，该有曲线的地方有曲线。

"我当时想，如果你想让她看起来像是身上喷过漆的样子，你会给她穿什么样的衣服呢？于是我给她设计了一件银色的紧身衣。我还得做一个底层结构，因为当你用弹性面料做紧身衣的时候，它没办法贴合凹下去的地方。它会绷在两个高点之间，不能展现身体真正的形态，但你必须让这件服装做到这一点。我们需要的应该是一种皮肤再生织物，可以像真实的皮肤一样，包裹住每一条曲线。做到这一点的话，需要在服装下面穿一件紧身衣，类似于紧身胸衣，但还要允许幅度很大的身体活动，因为作为一个打戏很多的角色，她的身体需要能够自由活动。我们最终决定使用外科导管，也就是一种乳胶材质的管子，这种管子有一定弹性，可以拉伸。我们把这些管子固定在弹力衣里，形成漂亮的肋骨线条。这样一来，你能看到这件服装所有的底层结构，让你相信九之七真的穿着再生服，她看起来棒极了。

"我认为这是我做过的最性感的衣服之一。"

对页图：九之七（洁蕊·瑞恩饰）：这位前博格人，她不过是在刚出场的几集穿了这件标志性的银色连体服，但就这样，也足以给观众留下深刻的印象。
左下图：阿七的银色长靴，包裹在银色连体衣里。女演员洁蕊·瑞恩身高5英尺8英寸（约为173厘米），有着雕像般美丽的身材，穿上这双靴子后她身高近6英尺（约为183厘米），显得更为醒目。
中下图：手术管支撑起了阿七再生服装的基本结构，让这件服装具有了介于博格服装和人类服装之间的外观特征。
上图：九之七的两件式博格戏服。包括一件氯丁橡胶和硅酮制成的弹力紧身衣以及一件夹克外套。那些"生物型假体"附件则由铸塑树脂制成。

很久很久以前

　　有时候，化妆和服装是一回事。我们在《航海家号》中制作了一集名为《母女情深》（*Once Upon a Time*）的电视剧，剧中的小女孩娜奥米·威尔德曼（Naomi Wildman）[斯嘉丽·波默斯（Scarlett Pomers）饰]做着童话梦。化妆总监迈克尔·韦斯特莫和我把几个演员打扮成了树木和水的角色。迈克尔把扮演特维斯的演员放进了看起来像树皮裂缝的假体里，我把一块覆盖着彩色硅胶的织物粘到裂缝里，这样这些假肢就能完美地衔接到一起。这看起来很拉风，但制作它花费了我们大量的准备时间，而且做起来麻烦得让人发疯。"

　　　　　　　　　　　　　　　　——罗伯特·布莱克曼

混沌博士新娘来了！

　　《混沌新娘》（*Bride of Chaotica!*）这一集为观众和《星际迷航：航海家号》的演员们提供了一次愉快的黑白之旅，将他们带回了一个科幻影视剧还没有这么先进的时代。故事主要发生在星舰的全息甲板上，这里是一个娱乐区，船员可以在这里与真实的全息投影互动。由于和另一个维度的外星生命发生了一些误会，航海家号的几名船员不得不假扮其他虚拟人物来拯救这艘星舰。在这些角色中，蜘蛛女王阿齐尼娅（Arachnia）外表最为夸张，行为也最为张扬。要这样一个角色，还有谁能比航海家号的舰长凯瑟琳·珍妮薇（凯特·穆格鲁饰）更适合呢？

　　罗伯特·布莱克曼看完剧本后，立刻就知道了该为蜘蛛女王编织什么样的服装。"我告诉凯特：'我们需要把阿齐尼娅想象成一个20世纪30年代的吸血鬼。她是一个蜘蛛女郎。'我做了一件缀满铜珠的连衣裙，她穿着奢华，看起来像个百万富翁。这件服装由丝绸打底，从头到脚

对页图：珍妮薇的"阿齐尼娅女王长袍"。这是一件黑色长袍，上面覆盖着铜珠、亮片和精心制作的黑色金属珠，网状的珠饰领子和肩膀上装饰的羽毛格外醒目。

左上图：特维斯（贾斯汀·路易斯饰），一个来自交互式童话的人物，储存在航海家号全息甲板的内存库中。

中右图：阿齐尼娅的服装是向《飞侠哥顿》（*Flash Gordon*）等老黑白电影的致敬。所有以她为主角的镜头都是黑白的。

缀满了铜珠，肩膀上有羽毛装饰。领口的装饰则是用塑料做骨架，缠绕出蛛网的形状，上面也缀有一些黑色的金属珠子。"

　　穿上这件迷人的长袍后，穆格鲁仿佛彻底换了一个人。她的举止不再像凯瑟琳·珍妮薇舰长那样古板而严肃，而是彻底展现出了阿齐尼娅的特质。"表演阿齐尼娅有种放肆的乐趣，"穆格鲁回忆道，"那是一段轻松愉快的时光。对于舰长来说，很少有机会可以如此放松。"

星际迷航:
进取号

STAR TREK:
ENTERPRISE

上图：亚契的制式礼服只在《星际迷航：进取号》的最后一集，《踏上征程》（These Are the Voyages）中露过一次面。

对页图：乔纳森·亚契（斯科特·巴库拉饰）的服装是一件蓝色棉盾星际舰队连体服，全身上下一共有13条拉链，肩部有4个矩形小点，以表示他的舰长军衔。

随着派拉蒙影业公司进入新的千年，《星际迷航》系列以其一贯的繁忙步伐向前迈进。《星际迷航：航海家号》正在准备第七季，也是最后一季的制作。《星际迷航：复仇女神》也正在前期制作中。此时，制片厂的高管们要求我们再制作一部《星际迷航》电视连续剧，让执行制片人里克·伯曼很担心的是，他们这么做是否会杀鸡取卵呢。因此尽管工作室希望在《星际迷航：航海家号》最后一集播出之前推出新系列，但伯曼和他的工作人员仍设法推迟了新系列的上映，让《星际迷航：航海家号》在2001年春季的最后一集能得到应有的关注。新系列是《星际迷航：原初系列》的前传，将于同年秋季在联合派拉蒙电视网开始播放。

《星际迷航：进取号》（原标题为《进取号》，第二季后更名）在2001年9月26日开始播出，就在"9·11事件"发生两周后。故事发生在詹姆斯·T.柯克舰长的进取号五年任务开始前大约一个世纪。该系列着重讲述进取号NX-01的旅程，这是第一艘能够实现五级曲速航行的星舰。这艘星舰的目标是对银河系进行远程探索，舰长为乔纳森·亚契，由斯科特·巴库拉（Scott Bakula）饰演［他也出演过影片《量子跃迁》（Quantum Leap）］。

在2006年接受美国电视档案馆采访时，伯曼解释说，拍摄这部电视连续剧的目的是填补《星际迷航：第一次接触》与《星际迷航：原初系列》之间的剧情空白（在《星际迷航：第一次接触》中泽弗兰·科克伦首次发明了曲速引擎）。但该系列播出之后，他和执行制片人布兰农·布拉加很快听到了粉丝群体的批评之声，星际迷们觉得这两人完全忽视了《星际迷航》元素的连续性。伯曼否认了这一点，但他也指出，鉴于近年来现实世界科技发展如此迅速，很难再去设想比柯克时代更古老的技术（毕竟柯克的台式电脑在当时看来就相当笨重）。比如，如今的笔记本电脑看起来都比皮卡德舰长的计算机要现代得多，而根据设定，皮卡德上尉的电脑是在柯克所处时代一百年之后才开发的！

身为《星际迷航：斗转星移》和《星际迷航：第一次接触》的编剧，就连罗纳德·D.摩尔也承认，他在情感上站在了粉丝那一边。他说："我听说这部新剧的设定确定下来的时候，我希望就基本元素而言，这部剧看起来就像发生在《星际迷航：原初系列》之前一样。这不仅仅体现在服装上，还应该体现在整个艺术指导和设计风格上。只有这样观众才会说：'哦，一切都是从这里开始的。'"

"但他们选择了另一条设计方向，"摩尔继续道，"他们让剧集的风格变得更接近现实了。由我去批评这点显得有些奇怪，因为

我通常是呼吁现实主义的一方。但是，从故事的角度来看，按照剧中的时间线，这部剧发生在第一部《星际迷航》之前，但却依据当下的现实去拍摄，让人感觉不对劲。我们无法从中看到时代的演化。"

显然，《星际迷航：进取号》的制作人不得不做出一些艰难的选择。而他们的选择是，从现在开始向未来看，而不是从柯克的时代向后倒推。这就让服装设计师罗伯特·布莱克曼的设计合情合理了，这是一件以美国宇航局为灵感的"历史未来主义"制服。

"我们就制服的设计方案进行了多次讨论，"布莱克曼说道，"整个故事发生在距我们现在大约一百年后的未来，在我们见到柯克大约一百年之前。因此，在我看来，我们需要使服装更具现代感。我提出采用类似未来版美国宇航局（NASA）服装的连体服设计。而当制作人选定斯科特·巴库拉、康纳·特林纳（Connor Trinneer）、多米尼克·基廷（Dominic Keating）和安东尼·蒙哥马利（Anthony Montgomery）作为本剧的主角时，我知道这套制服会非常合适。这些人穿上制服后看起来棒极了。"

布莱克曼最开始就毫不客气地向这些演员提出了要求。"我不得不嘲笑自己的傲慢，"他说，"那四位演员第一次来试衣时，我说：'先生们，事情是这样的。我们想让你们穿上这些非常性感的棉质连体衣。它们不会有任何弹性，不会紧身，但会非常修身，只有你们承诺保持身材，甚至把身材锻炼得更好，这个设计才能行得通。'"布莱克曼说完大笑起来："他们做到了！保持了四年！"

这种出自当代服装的设计思路，为布莱克曼提供了一个机会，可以修复自威廉·韦尔·泰斯时代以来就一直困扰服装部工作人员、演员们的一个设计元素。"我已经厌倦了制作隐形拉链，所有其他的系列都用隐形拉链，"布莱克曼抱怨道，"你永远也看不出这些人是怎么穿衣服的！所以我在每件新的连身衣上都设计了13个看得见的拉链。看起来很不错。新制服看上去有很多口袋，其他制服就没有这些。"

"当然，"他补充道，"那些假口袋装不下任何东西。它们就像加利福尼亚州圣何塞的温彻斯特神秘屋里的东西——一条不通向任何地方的楼梯！这些都是'没有口袋的拉链'，但这只是我想在新制服上添加的元素之一。做新设计非常激动人心，也充满乐趣。"

四年后，《星际迷航：进取号》结束播放。那时，制片厂决定是时候让这个系列暂停一段时间了。他们会等待一个有着新视野的人，为新一代观众构思一部全新的《星际迷航》。

对页图：特拉维斯·梅威瑟少尉（安东尼·蒙哥马利饰），进取号的舵手。他的星际舰队连体服肩部有芥末黄的色带，显示了他在接受培训成为指挥官的道路上。

上图：佐藤星少尉［琳达·帕克（Linda Park）饰］的星际舰队制服。她是进取号上的语言学家和通信官，因此制服肩部的色带为蓝色，显示她从属于科学分部。在设计这些22世纪的制服时，设计师希望，它们看起来就像是从当代美国宇航局的服装演变而来。

苏利班人的服装面料

　　有时候，服装的成功完全取决于其选用的面料类型。罗伯特·布莱克曼在纽约遇到了来自欧洛克服装公司的珍妮特·布洛尔（Janet Bloor），她为罗伯特提供了该公司面料样品目录。此后他开始广泛使用各种面料，尤其是那些有点"怪异"的种类，比如有种面料就带有五彩缤纷的泡泡。"珍妮特·布洛尔发明了一种硅酮着色技术，"布莱克曼说，"她把一种很薄的弹性面料从白色染成彩色，将其在框架上撑开。然后她用彩色硅酮在上面画图案。当她把这块弹性面料从框架上取下来时，它会重新收缩起来，之前画上去的图案看起来就会像静脉一样。"

　　"我们就使用这种面料来制作苏利班人（Suliban）的服装。苏利班人是《星际迷航：进取号》中重要的反派。"

任务徽章

　　与当代宇航员在宇航服上佩戴的航天任务徽章类似，NX-01星舰上的船员们也佩戴有专门设计的任务徽章。在第三季进取号执行阻止新地人（Xindi）入侵地球的任务期间，被派往该舰的军事突击司部作战部队（M.A.C.O.）同样如此。在第四季《家乡》（Home）一集中驻于地球的星际舰队安保人员身上，以及出现在《神谕宇域》（The Expanse）一集的无畏号（Intrepid）星舰上的船员身上。

　　这些徽章都有一个共同点：他们都由《星际迷航：进取号》布景美术指导迈克尔·奥田（Michael Okuda）设计。奥田也为美国宇航局的许多实际任务和项目设计了标识，例如，亚特兰蒂斯号航天飞机执行的STS-125号修复哈勃太空望远镜的任务，以及战神1-X号的开发试验飞行任务。

　　奥田表示，他设计《星际迷航》无畏号船员的徽章时，参考了美国海军无畏号航空母舰（舰号CV-11）的标志，包括它的座右铭，翻译过来就是"既属于海洋，也属于天空。"这艘航空母舰现在已经变成了纽约海洋航空航天博物馆，漂浮在纽约的海面上。

对页图：约翰·弗莱克（John Fleck）饰演的一名叫西里克（Silik）的苏利班人。和其他苏利班人一样，西里克的服装也由米利斯金制成的。米利斯金是一种极轻薄且弹性极好的弹性氨纶面料，通常用于制作舞者的紧身衣和紧身裤。
右上图：西里克服装的概念插画。
上图及右图：《星际迷航：进取号》中出现的三种任务徽章，均由该剧布景美术指导迈克尔·奥田设计。

HELMET & CHEST PLATE MR

进取号中的舱外航天服

"当时我们忙着给进取号的成员们做很多新服装，时间非常紧张，因此不得不把那件铜色宇航服外包给了一家专门的工作室。他们先按照我的设计用黏土雕刻出头盔、胸衣和背包，制作模具，然后用这些模具铸造出部件。打磨过这些铸件的所有边缘后，他们用这些铸件做出更多的模具，然后用这些模具做出整件服装。最后他们把连体衣的部分缝上去。整个工作量非常大，但他们只用了四周就完成了。

"连身衣上的面料是一种聚氨酯弹性面料，具有彩虹色的金属表面。这是我在派拉蒙影业公司任职期间发现的东西，此后我经常使用它。鲍勃·林伍德使用类似的面料为电影《星际迷航：复仇女神》制作雷慕人服装。

"每个人都不喜欢电影《星际迷航：第一次接触》中使用的那种既热又笨重的舱外航天服，所以我尽全力提升了《星际迷航：进取号》中新的铜色套装。为了让演员们能使用内置的麦克风，我安装了一个电池驱动的冷却系统。风扇必须足够安静，做到这一点非常不容易。我们不希望之后还得重录所有对话。我还设计了第二套冷却系统，这些服装可以连接一条冷却管，在演员们不走动的时候可以给他们降温。服装上还安装有几个内部照明系统，几个外部照明，各种各样的东西。在四周内能给这身衣服加上的功能，我都给它加上了。"

——罗伯特·布莱克曼

上图：为了帮助服装供应商了解进取号舱外航天服的技术细节，需要艺术部门的一些支持。本系列的场景画师约翰·埃夫斯为此绘制了这幅草图。

左图及对页图：罗伯特·布莱克曼根据他对之前《星际迷航》系列的航天服的了解，设计出更加轻便、舒适的进取号航天服。每一套服装都有内置风扇，可以将冷空气输送到头盔中，而且这是首次头盔可以打开来，让演员们能呼吸到新鲜空气的服装。

新地人的"笼子"

　　不要浪费，也不要奢求更多。在电影《星际迷航：复仇女神》上映后，罗伯特·布莱克曼萌生了一个念头：他可以借鉴这部电影中的雷慕的服装，对其做出一些修改后给新地人穿上。这些状若爬虫的外星人马上将要在《星际迷航：进取号》首次登场。布莱克曼找到了一种相对成本比较低的方法来做修改。他说："我看到一个笼子的图片，认为这是一个很好的方法。"从雷慕人的装备上取下胸甲后，布莱克曼在衣服的胸部和肩部外构造了一个金属笼铠甲。"我用铝管来制作铠甲的框架，"他说，"其余的部分则用乙烯软管做成。"

　　这种服装能很简单地组装在演员身上，这使它们非常适合用于日常拍摄，同时它们看上去也非常精致。布莱克曼说："我们没有想到有人会穿着他们做特技表演。他们第一次这么粗暴对待这些服装时，我吓得屏住了呼吸，但这些服装撑了下来。"

对页图：图中这种类爬虫动物的种族是构成新地联盟的六个物种之一。布莱克曼充分利用了鲍勃·林伍德在《星际迷航：复仇女神》中设计的华丽雷慕服装，以此为基础制作出了这些爬虫物种的服装。

左图：罗伯特·布莱克曼说："鲍勃·林伍德使用了一种聚氨酯弹性面料制作雷慕服装（左上），我采用同样的面料作为进取号舱外航天服的基础面料。"（可参见本书第218页）

右上图：作为新地议会的高级成员，多利姆（Dolim）指挥官（斯科特·麦克唐纳饰）的制服与其他新地类爬虫物种所穿的制服不同。他戴着同样的笼子状饰物，但他穿在里面的是一件像阿拉伯长袍一样的袍子，使用了有光泽的罗纹面料。

特珀：进取号里的瓦肯人

罗伯特·布莱克曼在《星际迷航：进取号》中的任务是使星际舰队的制服看起来像是从21世纪的当代服装演变而来的。但对于瓦肯服装，这项原则却并不适用。

布莱克曼说："显然，特珀［乔琳纳·布拉洛克（Jolene Blalock）饰］必须看起来更具未来感。"于是他为特珀设计了一件棕色、黑色和灰色条纹相间的弹性针织面料连体衣，衣领处有一个瓦肯人的金属徽章。这件服装很低调，符合瓦肯人的特征，但也很好地展示了她的身材（以吸引该系列的核心观众群体）。

布拉洛克认为这种服装既有缺点也有优点。"他们甚至没有给我的衣服加哪怕一个口袋，"她在2001年说，"我的枪有一个皮套，那就是全部了。我猜是因为特珀实在没有什么需求，她不需要任何其他东西。她的动作非常敏捷，所以紧身衣真的很合适。"

在特珀离开瓦肯最高指挥团，加入亚契舰长等一众进取号成员后，布莱克曼改变了她的着装。新的服装更休闲，领口更低。特珀有不止一套服装，她衣柜里的服装使用了一系列大胆的颜色，比如青绿色、紫色、橙色、蓝色和灰色。

左上图：布莱克曼为特珀的瓦肯制服绘制的早期概念草图。
中上图：特珀（乔琳纳·布拉洛克饰）展示其服装的侧面及背面。
右图：特珀的瓦肯服装。一条深棕色的领沿从衣领斜着延伸到胸部，在胸线下沿处同料有一条装饰带。
对页图：特珀是第一个在星际舰队上服役的瓦肯人。一个服装之外的小故事是，她在《星际迷航：进取号》《小镇故事》（Carbon Creek）一集中向20世纪地球上的居民介绍了维可牢尼龙粘扣。

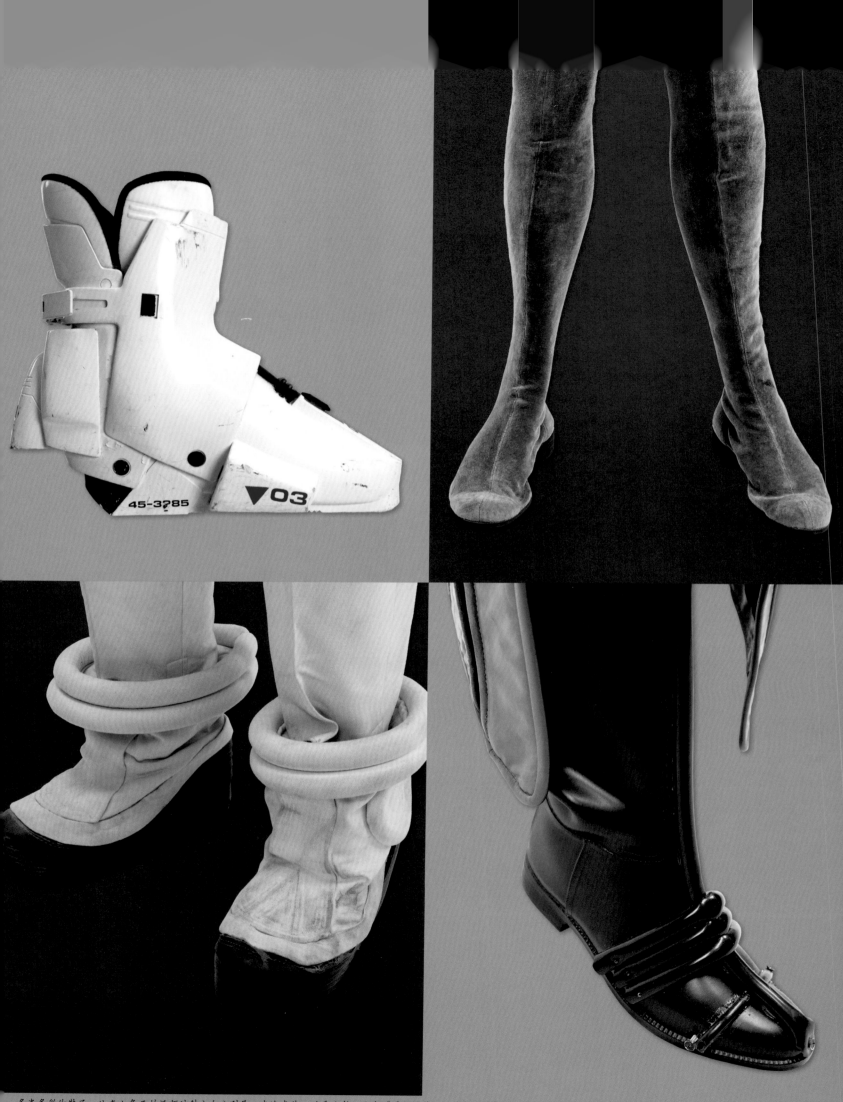

多姿多彩的鞋子：从左上角开始沿顺时针方向分别是：史波克的一双重力靴，出自《星际迷航五：终极先锋》；亚当的及大腿长靴，出自《星际迷航：原初系列》的《星际迷航：伊甸之路》；柯克在《星际迷航：无限太空》中所穿的被长裤覆盖的靴子；史波克在《星际迷航：原初系列》中所穿的靴子；史考提的工程靴，出自电影《星际迷航：无限太空》；卢莎在《星际迷航：斗转星移》中所穿的靴子；麦考伊医生的户外制式靴，出自电影《星际迷航五：终极先锋》；沃尔夫的靴子，出自《星际迷航：深空九号》中《诚挚邀请您》一集。

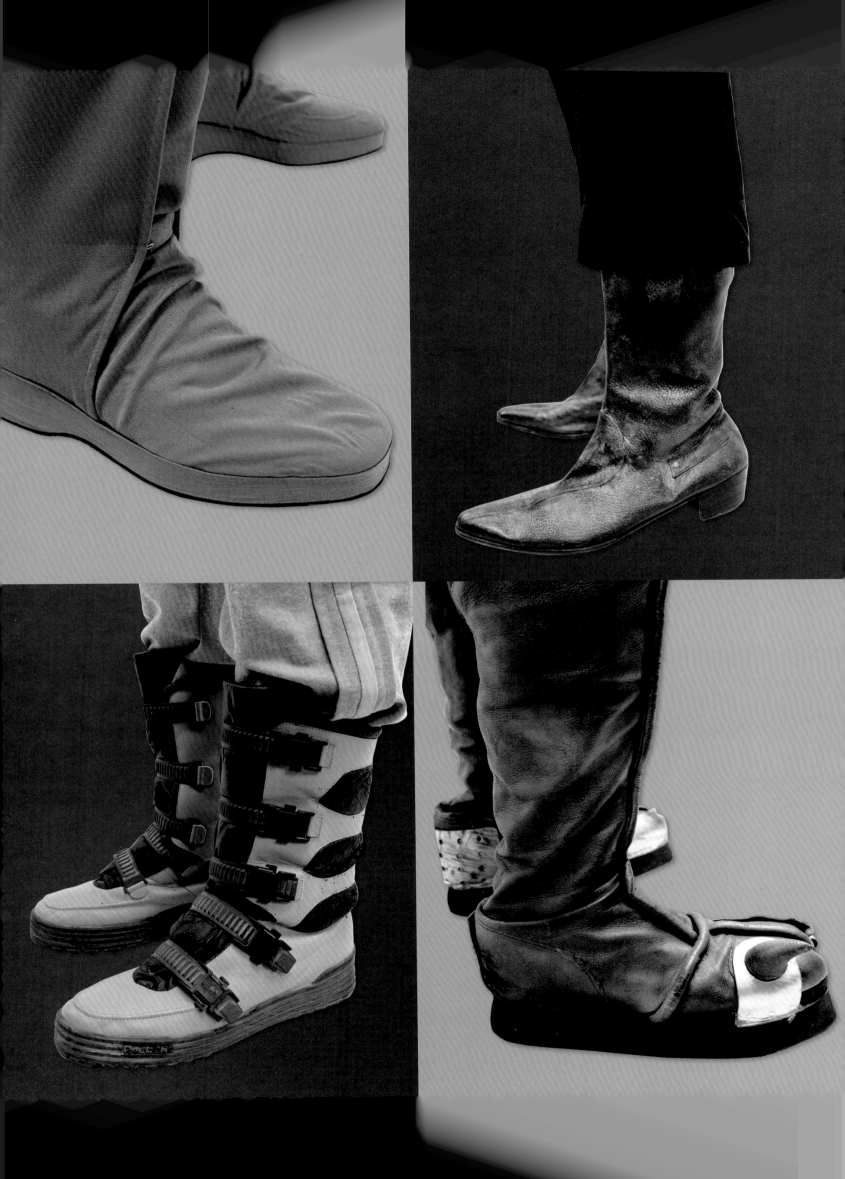

星际迷航：
重启

STAR TREK:
THE REBOOT

星际迷航 （2009）

STAR TREK
(2009)

"星际迷航"带来了太多"包袱"，毕竟，只要提到它将近50年的历史，就已价值不菲。在长达七百多小时的电视剧和十几部电影中（这个数字仍在增加之中），存在着一种连续性，最狂热的影迷通常将其称为"正史"。这么长的连续剧情，看上去确实有点让人望而生畏。一方面，《星际迷航》的粉丝们欣然接受它；而另一方面，如果那些偶尔看看电影的观众担心，要理解一部新的《星际迷航》电影，非得要一本《星际迷航》百科全书来帮忙的话，那也没错。

问问迈克尔·卡普兰（Michael Kaplan）就知道了。2007年，当导演J.J.艾布拉姆斯第一次邀请他担任《星际迷航》新片的服装设计师时，卡普兰拒绝了。他解释说："我不是一个星际迷。我小时候就听说过《星际迷航》，但我从来没有追过剧。所以我说：'我只是觉得自己对星际迷航不够了解。这是我无法胜任的领域。'"

这并不是说卡普兰有任何反对科幻小说类型本身的想法。毕竟，他参与的第一部电影是《银翼杀手》（Blade Runner），并凭借此部电影与查尔斯·诺德（Charles Knode）共同获得了英国电影电视艺术学院（BAFTA）最佳服装设计奖。而且具有讽刺意味的是，正是由于从未参与过科幻题材电影的制作，他才获得了这份工作。"当我做《银翼杀手》时，我真的很年轻，"他说，"导演雷德利·斯科特（Ridley Scott）见了很多美国服装设计师工会的人，最后他不得不跟他们说，这个行会里难道没有年轻人吗？这些设计师们过来找我，他们一听说我的电影设定在未来，就开始跟我说些什么银色聚酯薄膜宇航服！这不是我想要的！难道这儿就没有年轻人了吗？"

于是工会主席问斯科特，他是否愿意见一见组织里最年轻的成员：迈克尔·卡普兰。

"雷德利抱怨了一句'真见鬼'，于是我得到了那份工作。"卡普兰高兴地总结道。

从那以后，卡普兰的职业生涯开始腾飞。之后他参与设计的电影包括《闪舞》（Flash dance）、《七宗罪》（Se7en）、《世界末日》（Armageddon）、《搏击俱乐部》（Fight Club）、《我是传奇》（I Am Legend）、《滑稽表演》（Burlesque），以及最近的《星球大战七：原力觉醒》（Star Wars Episode VII: The Force Awakens）。

下图：导演J.J.艾布拉姆斯（坐着）以及最新加入星际迷航宇宙的船员们：（从左到右分别为）约翰·赵（饰演苏鲁）、佐伊·索尔达娜（饰演乌胡拉）、扎克瑞·昆图（饰演史波克）、克里斯·派恩（饰演柯克）、安东·叶尔钦（饰演契科夫）、卡尔·厄本（伦纳德·麦考伊，昵称"老骨头"）、西蒙·佩吉（饰演史考提）。

对页图：《星际迷航：原初系列》中的男装采用了海军风格的喇叭裤和古巴高跟靴。而在《星际迷航：重启系列》中，迈克尔·卡普兰为史波克（扎克瑞·昆图饰）和柯克[克里斯·派恩（Chris Pine）饰]设计了更合身、更粗犷的外观，靴底也更舒适和适合运动。

顶图：契科夫是星舰的俄罗斯籍领航员。他穿的这件上衣对老星际迷来说既有些眼熟却又与过去不尽相同。

上图：史波克在《星际迷航（2009）》中穿着星际舰队制服。在第二部电影《星际迷航：暗黑无界》中，设计师对制服的前襟设计进行了修改。

尽管卡普兰最初不愿意参与最新的《星际迷航》电影，但J.J.艾布拉姆斯没打算接受否定的回答。"他的制片人又联系我时说：'J.J.了解你的工作，他非常喜欢你的作品，也很想见你一面。'"卡普兰回忆道，"我说：'我真的觉得我不是合适的人选，但我愿意和他见一面。'"

他们最终在缅因州的一家咖啡店见面，因为当时艾布拉姆斯正在那里度假。"我们谈了大约两小时，"这位设计师说，"之后我的态度就发生了一个180°的大转弯，从'不，不，不，我不想做这个'变成了'我必须和这个家伙一起工作'。"

"我在和迈克尔合作前就久闻其大名，"导演J.J.艾布拉姆斯解释说，"我是《银翼杀手》的超级粉丝，他在那部电影和多年来的其他许多电影中的表现让人耳目一新，印象深刻。他的整个职业生涯硕果累累，熠熠生辉。"

这两人很快建立起融洽的关系。"我们围绕这部电影该如何拍摄谈了谈，"艾布拉姆斯说，"这次谈话迅速深入了思想交流的层面。迈克尔所说的正是我一直感觉到，却没法表达出来的。之后在整个电影的制作过程中，他也一如既往地给了我很多帮助。和他见面之后，我甚至会觉得很困惑，因为整件事进行得如此顺利，如此富有成效，以至于我差点以为他把我催眠了。"

而这种感觉似乎是相互的。"每次我说一些自嘲的话，或说自己能力不足的地方，J.J.都会反过来鼓励我，"卡普兰说道，"他曾说：'这正是我想要的。你能找到正确的方法，我可以从你的作品里看出来。你能做到让设计既合理，又有新意。我不想要那些只会些陈词滥调的设计师。我希望有人能开辟一条新的道路。'他的话给了我信心。"

事实上，导演为《星际迷航》重启系列寻找的幕后专业人员中，几乎没有一人曾参与过该系列的制作；他们都是开路先锋。艾布拉姆斯希望有人能助力重塑公众对这部电影的看法并为了整个新生代，一起来改造它。

所以卡普兰最终同意了，并开始恶补《星际迷航》知识。"我当时非常害怕，"他说，"我以为我必须知道所有术语，但其实我只需要一步一步来。你要做的并不是亦步亦趋地去追随《星际迷航》的历史，而是根据摆在你面前的剧本，创造出适合这部电影的东西。"

为了寻找一种既适合星际迷又适合一般影迷的基调，卡普兰将目光聚焦在了第一部星际迷航电视剧上。"我想让我们的电影仍然塑造的是星际迷们熟悉的世界，仍然处在原来熟悉的领域，"他说，"我看了很多过去《星际迷航》的照片。我不是想复制它的模样，而是希望以这个影迷们从小热爱，并伴他们一起长大的系列为出发点，创作新的星际迷航宇宙。"

作为前期研究的一部分，卡普兰回顾了玛丽·官、安德烈·库雷格斯（André Courrèges）和鲁迪·格恩里奇等时装设计师的作品。在《星际迷航》诞生的年代，他们是时尚界举足轻重的人物。他这么做不是为了模仿他们的设计，而是希望能对他们以及当时激发他们创造力的因素有所了解。

"原初系列的设计基于20世纪60年代的服装,"他解释道,"我希望新的电影能承袭当初的设计,但又不能做成类似一部时代剧的样子。在这个时代,长裙不再是必需的。人们接受任何服装样式。所以你可以沿用短裙的设计,这种设计不必看起来像20世纪60年代的衣服,而是非常有2000年的风格。这都取决于你以何种方式去做设计。"

要重新构思进取号船员穿的经典星际舰队制服,这可能是卡普兰最艰巨的任务了。他知道,这些服装必须以旧式服装中的标志性服装为基础,但要以一种全新的方式重新诠释干净、现代的制服,并沿用熟悉的红色、蓝色和暗金色色调。

"我们希望保留一些人们记忆中的样子,"艾布拉姆斯强调,"但不一定要和当时的服装一模一样。基本上只使用原色去设计这些制服,把它们做成你预想不到的样子,但观众要接受它,要让它们看上去非常让人信服。这需要比你想象的更多的思考、研究和设计。但迈克尔似乎轻而易举就做到了。"

"星舰制服是整部电影的重中之重,"艾布拉姆斯继续说道,"而且我认为如今的电影观众倾向于认同比旧版更加复杂的设计。迈克尔的一种观点我非常认同,他提到,除了运用观众们熟悉的颜色,这里有些制服还可以采用观众熟悉的图案,有时候则可采用观众没见过的图案。当出现一个非常近的特写镜头时,观众会发现,有一样大家熟悉的事物,就是那些小小的星际舰队徽章,一直出现在屏幕里,但观众们却一直没意识到。"

卡普兰解释了这种图案的印刷方式:"我使用了一种三维油墨将徽章图案印在织物上。这种油墨可以让图案凸起于面料之上,具备一定的厚度。我们把所有的服装面料都染成了芥末色、深红色和蓝绿色——然后我们用不同颜色的油墨在上面印刷。它必须是不同的颜色,比如不同的红色,否则它不能和面料区分开来。很快我就意识做到这一点并不容易。为了将织物的基色与设计的颜色结合起来,使整体效果符合设想,我们进行了多次不同的尝试。对于这三种颜色,我们都必须保持色彩搭配的平衡。印刷人员都快被我逼疯了。"

艾布拉姆斯承认,他曾经多次给卡普兰提出相当含糊的要求,而卡普兰每次都能依照要求做出让人惊叹的成果,这不过其中一个例子。"我当时对迈克尔的原话是:'我们用高分辨率来制作吧。'"艾布拉姆斯解释说,"然后他再来找我时就拿出了制服面料中的设计元素。这种事情并不是随随便便就能做到的。这是他悟出来的方法:'好吧,我做设计的方法很微妙,但也是有理可循的。可能大多数人没有想到这种设计方式,但最终在IMAX影院放映时,我的设计将会让那一瞬间变得真实,让穿着那件衣服的角色变得真实。'"

将箭头形状的星际舰队徽章融入面料中是一个大胆的举动,因为人们可能会认为这样做非常俗气,或是为了迎合长期粉丝的情感而做过了头。但这一做法得出了好结果。卡普兰指出,虽然新观众们没有注意到,但铁杆粉丝们立即发现了它。他说:"幸运的是,这个设计得到了粉丝们一致好评。"

顶图:设计师迈克尔·卡普兰巧妙地使用了星际舰队徽章符号,该符号出现在每件标准工作服的面料上。
上图为苏鲁穿着卡普兰设计的连体太空服。

时间的涟漪

在2009年的电影《星际迷航》中，罗慕伦人船长尼禄（Nero）驾驶的一搜采矿船被拉进了黑洞，就此创造出一条新的世界线。尼禄出现在了154年前的过去，摧毁了一艘星际舰队飞船，由此造成了时间连续体的中断，从那时起，大多数观众们熟悉的《星际迷航》角色的命运被改变了。

史波克：尼禄的出现改变了历史的进程，以袭击联邦星舰开尔文号（U.S.S.Kelvin）为开端，随后一系列事件随之发展，双方都无法预测。

乌胡拉：一个平行宇宙？

史波克：正是如此。无论我们原本的人生走向如何，如果时间连续体被扰动，我们的命运将完全改变。

这种故事设置，由编剧亚历克斯·库兹曼（Alex Kurtzman）和罗伯托·奥奇（Roberto Orci）创作，为导演J.J.艾布拉姆斯讲述《星际迷航》故事提供了一个全新的框架。所有新的《星际迷航》故事都将开辟一条全新的事件链，不受旧系列"官方设定"的限制。经典的时间框架被称为"原初宇宙"，以区别于新的、正在发展的平行时间框架。

上图：在新的平行宇宙中，三名幸存的瓦肯人：从左到右分别是年轻的史波克，大使沙瑞克［本·克罗斯（Ben Cross）饰］以及从另一条时间线而来的老史波克（伦纳德·尼莫伊饰）。年轻史波克穿着制服，另外两人都穿着瓦肯平民服。

左下图：为电影《星际迷航（2009）》制作的克林贡面具，将一直会使用至《星际迷航：黑暗无界》。

对页图：在2009年《星际迷航》电影的一个删减镜头中，尼禄和他的追随者被克林贡人抓获，并在鲁拉·彭塞小行星的监狱里被关了25年。

克林贡人？什么克林贡人？

在从公映版中删去的一个镜头中，罗慕伦人尼禄［艾瑞克·巴纳（Eric Bana）饰］被关押在克林贡监狱里，该监狱所在的鲁拉·彭塞小行星，极其寒冷。这地方与《星际迷航五：终极先锋》中的柯克和麦考伊被送往的原初宇宙相同。

服装设计师迈克尔·卡普兰为数百名囚犯和克林贡守卫设计了服装。

"卫兵们穿着这些大号大衣，"卡普兰回忆道，"我们还做了一些给迷你克林贡人的外套。"

迷你克林贡人？

卡普兰笑着继续说："在一个场景中，克林贡卫兵正领着一名囚犯。电影制作人进行了一次外景侦察旅行，找到了一个他们真正喜欢的实用场景，但它并没有他们想要的那么宏大。为了让它看起来更大、更有史诗感，他们计划使用一个广角镜头。但他们意识到他们需要更小的演员来让这个场景看起来更大，所以他们用一群孩子来演这个场景。我给这群孩子们做了同样的大外套。这就是迷你克林贡外套。"

J.J.艾布拉姆斯解释说，用儿童演员的想法，来自他很久以前读过的一篇杂志文章。"记得小时候，在一期《电影幻想》中，我读到一篇关于电影《异形》（Alien）的文章，"他说，"这篇文章解释了［导演］雷德利·斯科特使用的一种拍摄手法，他用身穿宇航服的孩子，拍摄了一张主要人物穿过大型外星飞船的广角照片。这么多年来，我一直记得这种有趣的拍摄方法。通过控制相对比例，从而使场景看起来更加宏大。"

不幸的是，鲁拉·彭塞小行星上，克林贡人穿着大衣以及迷你克林贡人穿着迷你大衣的这一幕，最终留在了剪辑室的地板上，但这些工作并非毫无用处。

"J.J.知道我很喜欢这些克林贡服装，"卡普兰说，"他也很喜欢，所以他说：'提醒我别忘了，我们会在下一部电影沿用这些服装。'他很看好这些设计，而且兑现了他的承诺。"

最终，在第四年及之后上映的另两部电影中，卡普兰和他的克林贡人服装（至少是全尺寸的）大放异彩。

舰桥上的那位女士

　　当迈克尔·卡普兰开始为今天的观众重新设计乌胡拉中尉的制服时，他知道自己不敢搞乱经典。"我是说，没有迷你裙的话，《星际迷航》还是《星际迷航》吗？"卡普兰挪揄地评价道。乌胡拉美丽的红色迷你裙制服不仅仅是20世纪60年代的象征，它更是一件标志性的服装，是许多人在被问及对原初系列的记忆时首先提到的事情之一。

　　"这肯定是我对电视连续剧印象非常、非常深刻的一点，"这位设计师确认道，"之后，乌胡拉确定将由佐伊·索尔达娜（Zoe Saldana）来饰演，我们没有理由不重现迷你裙的设计，甚至可以让裙摆更短！她的身材多适合迷你短裙呀！"

　　"说到迷你裙的设计，"J.J.艾布拉姆斯评论道，"迈克尔只是带着他的设计图来找我们，说：'这就是我认为合适的设计。'他确信这是正确的选择。而正如她的美丽和才华一般，佐伊也非常聪明，很有自己的见解，她也很喜欢这套制服。因此，很快我们就明确我们可以继承这一设计，并将其融入新版本的故事中。"

　　乌胡拉的新红色迷你裙吸引了新一代粉丝，同时也成为过去的试金石。正如索尔达娜所解释的："乌胡拉穿着的裙子是该系列中定义她的一个关键因素，因此对于我们的电影来说，它有助于观众很快熟悉她。"[23]

　　然而，与老版本的乌胡拉不同的是，索尔达娜版本的乌胡拉服装更加多样化。"我们这里的乌胡拉有各种不同量身定做的制服，"卡普兰解释道，"我们给她做了一个像小套头衫的版本，还有一套只有裙子和毛衣。所有的船员都

穿同样的夹克，有些女士也会搭配裤子。这有点儿像如今航空乘务员穿的制服。他们有各种不同的配件，比如裤子、裙子、连衣裙，可以任意混搭。我想做类似的设计，这样你就不会看到所有学员一直穿着完全相同的服装。"

对页图：标志性的超短裙制服和星际舰队发行的靴子，立刻让观众认出佐伊·索尔达娜扮演的是乌胡拉。

上图及顶图：在2009年的电影中，乌胡拉被史波克所吸引，在几十年前的原版剧集《致命陷阱》（The Man Trap）一集中，也曾暗示过这种吸引力，但乌胡拉从未付诸行动。

罗慕伦人

　　"我想让罗慕伦人看起来像来自采矿星球的工人。他们的服装非常破旧,就像刚刚拼凑起来的小碎布片。我认为,比起我们在电影其他地方看到的干净线条和未来元素,这样的设计会更加合适。

　　"我已经从事这一行很长时间了,我做的很多工作都是出于本能。当我开始为一部电影工作时,我会去一家旧货店,或者一家服装店,或者其他类似的地方。我会在设计开始之前,从中寻找我需要的背景材料。这能告诉我在电影中应该使用什么样的色彩。

　　"所以有一天在跳蚤市场,我看到这两个家伙在卖他们在印度尼西亚设计、制造的服装。我很喜欢他们的布料,经过了做旧处理,上面有一些钉子头做的装饰金属铆

钉,还运用了很有趣的套色工艺(用多种颜色对布料多次染色的手法)。和他们交谈后,我得知他们是巴厘岛一家小公司的时装设计师,他们从那里带来了这些服装。

　　"我最终决定将工作转包给他们,让他们来制作我想要的服装。他们非常兴奋,我相信他们能胜任这项工作。他们来开会时,我给了他们一大堆草图。然后他们坐上飞机,飞回巴厘岛,并开始给我们寄样品,比如这些日本风格的分趾鞋,他们让罗慕伦人的脚看起来像爪子一样。

　　"我们其实没有给他们足够的时间,因为我们有这么多罗慕伦人,需要做这么多不同尺寸的服装,这对他们来说是一项艰巨的任务。但他们成功了。"

　　——迈克尔·卡普兰

上图:艾瑞克·巴纳饰演尼禄。艾布拉姆斯版本的罗慕伦人与以前的罗慕伦人不同,不再佩戴华丽的护肩,而采用了"旧面料"的外观。

左上图:为迈克尔·卡普兰重新设计的罗慕伦人的原始草图。

对页右上图:艾瑞克·巴纳饰演的穿越时空的罗慕伦人尼禄。

对页右下图:尼禄的得力下属艾尔(小克利夫顿·柯林斯饰),虽然他全副武装,但他的镜头主要是特写镜头,观众看不到多少服装细节。"我得让自己别去操心这事,"迈克尔·卡普兰说,"我可以提醒剧组人员,他身上可穿着一套完整的服装,但我又不能表现得太歇斯底里了。即使我们可能花了几个星期的时间在那些细节上。"

装扮史波克

几十年来，罗伯特·弗莱彻设计的有珠宝点缀的长袍，一直被视为瓦肯服装的标准，而迈克尔·卡普兰设计的瓦肯服装与之有所不同。"我不想重复他们在很多未来主义电影中所做的设计，创作出一些带有罗马或希腊风格的长袍，"卡普兰说，"我从来没能理解为什么要这么设计。我所做的设计外观时尚，部分使用的面料中夹杂有金属线。它们带有一种帝王般的气质。"

卡普兰设计的深色长袍通常是高领的，它们的外观体现了一种瓦肯人的精神特质。在瓦肯儿童的服装上，这一特点尤其显著。"我们想以一种观众能很快理解的方式展示一个瓦肯儿童的生活，"J.J.艾布拉姆斯表示，"这一组镜头非常短。我们希望展示给观众，让他们看到，这是一个缺少色彩的地方，纪律严明，而且孩子们穿的制服绝对不含任何无忧无虑、有趣或凸显个性的特性。他们被沉浸在这些小隔间里，困在测试碗里进行深度学习和考试。他们的服装必须带给人一种压抑的感觉，这种压抑的气质需要和我们所知的瓦肯人那种严格的教养方式保持一致。"

"瓦肯服装根据瓦肯人的本质而设计，"卡普兰补充道，"他们的哲学非常克制，非常斯巴达。我想展示他们的克制和情感的匮乏，如同失去色彩，但与此同时仍不失优雅。我确实也使用了一些由玛吉·施帕克（她也基于弗莱彻的作品中创造了珠宝）设计的珠宝，但你在屏幕上看不到太多。史波克去营救的瓦肯长老们戴着珠宝，参议员和学校里也有一些珠宝，但在瓦肯服装上使用太多珠宝似乎不太合适。"

史波克站在瓦肯议会前穿的一件厚毛衣似乎与其他服装格格不入。它看起来几乎是学院式的，也许有点太随意了。然而史波克的人类母亲阿曼达显然喜欢这件服装；在他与议会会面前，她亲切地调整了他的衣领。有人可能会想，是不是她为史波克织的。

"我不认为是阿曼达编织的，"卡普兰回答，"这是为了表明他更年轻。这件毛衣看起来不像我们地球人穿的那种典型的针织毛衣，但史波克在学校穿毛衣时显年轻，有朝气。我们换成了真正的成人演员（扎克瑞·昆图）。在那一幕中，他不是个男孩，也不是因为他老了。但我希望他在那个地方看起来尽可能年轻，我认为，让他穿上一件毛衣就可以了，这是一件看起来像毛衣的短袍。"

从这个意义上说，这件毛衣起到了讲述故事的作用。

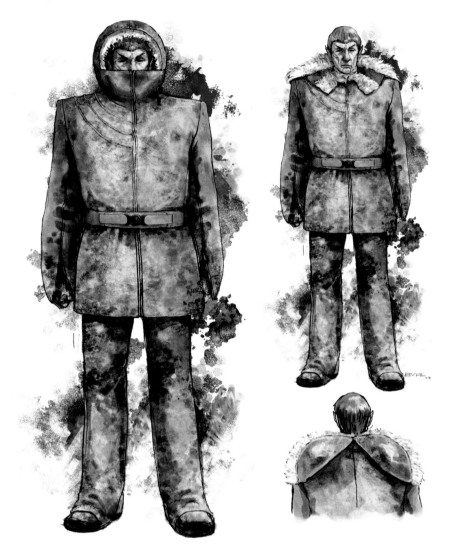

卡普兰也承认这是他任务的一部分。他说："这是一件过渡性的衣服。它让人联想到史波克小时候穿的校服，校服的碗状领子遮住了史波克的脖子，对青年时期的史波克，我们则为他设计了一种不同的领子。"

卡普兰强调，他在电影中最喜欢的服装是瓦肯人老史波克（伦纳德·尼莫伊饰）在织女四星遇见柯克（克里斯·派恩饰）时穿的雪地服。"我甚至收到过粉丝来信专门提到这一点，"他热情地说，"这几乎就像史波克戴着一顶头盔，就像一顶有毛皮衬里的硬顶帽。从后面看，他头上好像有一个球体。然后他在你面前把它拆开，它变成了一个毛领。我喜欢这个设计！领子用磁铁固定在一起，当他把它拉开时，它就垂到肩膀上，变成毛领的形状。"

"这个设计太棒了。"艾布拉姆斯评论道。然后他笑着说："如果有人与磁铁陷入爱河，那个人一定就是迈克尔·卡普兰。这个人比任何魔术师都更爱用磁铁。"

卡普兰之所以热爱他的"魔术"，这是有理可循的。就像很久以前的弗莱彻一样，卡普兰非常希望能传达出未来的服装技术。"我不喜欢在未来派电影中出现纽扣，"他解释道，"我在电影的其他部分也使用了磁铁，比如在一些制服的正面。我喜欢这种设计，可以直接拉开制服，而且没有明显扣住衣服的装置。所以这些服装上是没有扣子或纽扣的，这点就很酷。《星际迷航》或《星球大战》中，也看不到纽扣或拉链，这种设计有助于观众从现实世界中剥离出来。"

对页顶图：迈克尔·卡普兰"有点压抑"的衣领框住了幼年史波克（雅各布·科根饰）。
对页左下图：卡普兰为幼年史波克制服画的草图。
对页右下图：卡普兰为史波克设计的毛衣，使演员扎克瑞·昆图在这一场景中，看起来比后出场的那些成熟一些的星际舰队军官要年轻。
左下图：伦纳德·尼莫伊穿着设计师卡普兰为《星际迷航（2009）》设计的服装，也是卡普兰偏爱的作品：史波克的雪地服，带有球形风帽。
右上图：卡普兰画的草图，可以看出风帽拆开后可以变成一个毛皮衣领。

传奇归来

　　伦纳德·尼莫伊是唯一一位曾参演《星际迷航》早期版本的演员，也是参与该系列时间最长的演员，我们很容易会设想他会对瓦肯人，尤其是对他角色的一些服装选择提出质疑。但据卡普兰说："伦纳德没有带任何意见来找我。当他进组时，我们给他的服装已经画好了草图。我们把草图呈现给他后，他评价道：'非常棒！'在第一部电影中，他穿了很多服装，而且似乎都很喜欢。事实上，我记得有一个场景全程都在使用特写镜头拍摄，伦纳德对J.J.说：'你不想拉远镜头看看我的服装？它太漂亮了。'"

　　"伦纳德是人们梦寐以求的工作对象，"艾布拉姆斯说，"他总是对看到的事物表现出难以置信的兴奋以及鼓舞人心。就像其他演员一样，他有一些自己的想法，但他喜欢与自己角色相关的一切。他与扎克瑞·昆图成为非常要好的朋友，我知道这对扎克瑞和全体工作人员来说意味着很多。自1966年以来，伦纳德饰演的人物就如此具有象征意义，他们不希望看到有其他人占据这个位置，而伦纳德对他们回以难以置信的、亲切的喜悦之情。他很高兴看到史波克看起来依然意气风发。"

左图：伦纳德·尼莫伊在《星际迷航（2009）》中饰演老史波克。在该图中他穿着影片中老史波克的一套服装。
下图：老史波克穿着迈克尔·卡普兰为他设计的一套正装，与年轻版的自己互致瓦肯举手礼。
对页图：这套服装的概念插画。"衣领的一侧有点像是个西装翻领，松松地披下来，"卡普兰说，"当我们拍摄它时，伦纳德对J.J说：'衣服太棒了。'"

星际迷航:
暗黑无界

STAR TREK
INTO DARKNESS

如果曾经存在一些声音，担心公众是否会接受制片人/导演J.J.艾布拉姆斯对《星际迷航》的重新演绎，那么2009年这部电影的票房成绩使这种声音消失殆尽。《星际迷航：暗黑无界》在美国的票房收入为2.58亿美元，超过了《星际迷航》系列的任何其他电影，甚至也超过了前三部星际迷航电影的总和，全球总票房超过3.86亿美元。

观众的选择说明了一切。艾布拉姆斯的《星际迷航》既吸引了星际迷航迷，也吸引了那些并不认为自己是粉丝的人。

这种支持通常会给电影制作人大开绿灯，让他能全权决定他想做的电影；在开始拍摄后续电影《星际迷航：暗黑无界》时，艾布拉姆斯选择完全保留原创意团队。

服装设计师迈克尔·卡普兰为第一部电影设计的原色标准制服源自《星际迷航：原初系列》。但是在《星际迷航：暗黑无界》中，他决定做出改变。

但只是一点点。

虽然普通观众可能不会立即察觉到这种差异，但卡普兰认为，他细微的修改使制服更性感、更精致。（对那些穿裤子的船员来说）制服的裤子更加合身。束腰外衣的红色较原来稍深一点，蓝色偏绿一点，金色则更暗。服装设计部门决定改用隐藏式拉链，因为《星际迷航》的所有服装设计师都知道，未来可不会有拉链。

卡普兰还为船员们制作了一些额外的服装。"在电视连续剧中，我们经常看到旅行中的队员穿着各式各样的星际舰队制服，"他指出，"而当柯克去拜访一位高级军官时，他穿的还是同样的制服。我认为，在这部电影中，有必要为每个人设计制服。"

这套灰色套装以及配套的帽子，都由一种室内装饰面料制成。"它的质地很好，非常厚重，"卡普兰说，"用它作为制服面料效果非常好。"

看起来每个人都很喜欢这些制服。

"我想让帽子看起来'脱离现实'——它的形状有点奇怪，不是人们熟悉的样子，"他继续说道。"英雄，和我们见过的任何一顶帽子都不完全一样。我们让女帽商来做这些帽子。"

卡普兰为礼服设计了高领的风格元素。"我喜欢这个设计，"艾布拉姆斯说，"迈克尔的诸多天赋技能之一是，他几乎能立即让人们变得瞩目起来，当然，衣领是他达到目的的重要手段。但直到穿着制服的演员坐下来，衣领将他们的头硌着的时候，我才真正注意到这些制服的领子。"艾布拉姆斯讲到这大笑起来。"我记得克里斯·派恩每次被要求坐着时都要抱怨着大喊一声迈克尔的名字，因为他的衣服并不那么舒服。"

虽然衣领听起来只是一个小细节，但对卡普兰来说却十分重要。

"衣领总是在相机的拍摄范围里，"他解释道，"你看不到太多有鞋子的镜头，但你总能看到领子。"

《星际迷航：暗黑无界》中星际舰队的衣橱还包括新制作的连体衣（"穿梭服"），船员通过穿梭机短途旅行时会穿着它。连体衣是套在制服外的，卡普兰认为这套连体衣作为制服的配件是非常合理的。然而，事实上，它们只是看起来像是穿着制服。"窗户"样式的三角形被切成衣服的肩部，背后是一小块统一的布料，造成一种错觉。

有一个镜头在克林贡人的母星克罗诺斯（克林贡文写作Qo'nos）拍摄，在这个场景中，卡普兰为"进取号"船员设计了一套便装。他希望船员们穿着的衣物非常舒适，并且能适应他们将要面临的恶劣环境。

对于这群聚集在小工作室的团队成员，卡普兰从不吝啬自己的称赞，他们自创的这个工作室可谓麻雀虽小，但五脏俱全。当卡普兰把经过批准的草图带到房间里时，服装小组会迅速设计出图案，然后开始制作服装。正是团队合作，使他们能够自己完成大部分工作。卡普兰估计，当电影制作结束时，他们绘制的草图、缝制的服装将近数千之多。

服装指导

"我开始制作一部电影前，不会对电影里任何一件服装的外观有具体的设计想法。我会说：'我希望人们在看这部电影时会有这样的感受。'或者：'我希望人们在看到这个角色或主角时会有那样的感受。'就好比和一个伟大的演员共事时，你会跟他说：'我认为这里应该表现出这种感觉。'你不需要给他们规定的台词，不需要告诉他们该怎么做，只需要告诉他们你想要的效果。

"我认为迈克尔·卡普兰的天赋在于，他能够理解这些感受和诉求，然后将它们融入非常真实和有形的东西中，并获得理想的效果。"

——J.J.艾布拉姆斯

对页上图：评价星际舰队制服的帽子时，迈克尔·卡普兰使用的描述为"形状有点奇怪"。
对页左下图：柯克（克里斯·派恩饰）穿着最新的星际舰队制服，新制服的轻于接缝有一些改变。
对页右下图：史考提穿着他的"穿梭服"。透过三角形可以看到表示其所属分部的颜色。
上图：昆塞尔（Keenser）[迪普·罗伊（Deep Roy）饰]穿着他的工程制服，在气氛紧张的史考提和柯克之间在右为难。
右上图：乌胡拉穿着略带深红的超短裙制服。

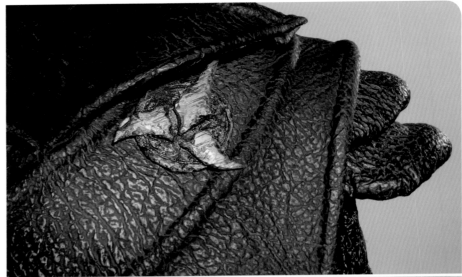

终于讲到克林贡人啦！

迈克尔·卡普兰为J.J.艾布拉姆斯的第一部《星际迷航》中的一个场景设计了一套全新的克林贡服装。尽管这一幕被剪掉了，没有出现在最终成片中，但在2013年《星际迷航：暗黑无界》中，剧本将柯克（克里斯·派恩饰）和他的同伴带到了克林贡家园的一个无人区，以寻找约翰·哈里森（John Harrison），又名可汗（Khan）［本尼迪克特·康伯巴奇（Benedict Cumberbatch）饰］。因此卡普兰得以再次启用这些克林贡服装。"在我们决定让克林贡人在第二部电影中出场时，我立刻叫迈克尔去拿他以前做过的头盔和外套，"艾布拉姆斯说，"我认为他此前制作的克林贡服装非常棒。"

"当然，我们必须制作更多的克林贡服装，"卡普兰提到，"因为我们计划设计一些变化出来。我们还增加了不同等级、警卫和盔甲的设计。"

克林贡的头盔也设计得非常令人赞叹。根据马蹄蟹的形状，卡普兰设计制作了这些头盔。

"有一天我在海滩上，"他回忆道，"我看到这个马蹄蟹壳躺在沙滩上。我捡起它，仔细端详，发现以它的形状来做面具或头盔效果会很赞。我又做了更多的研究，画了一些草图，然后这些克林贡头盔就诞生了。"

头盔的形状暗示着令人熟悉的多节甲壳类前额，这是服装设计师罗伯特·弗莱彻为《星际迷航：无限太空》所创作的。但导演艾布拉姆斯决定，不把克林贡人的真实形象留给无聊的猜测；他让一名蒙面战士摘下了头盔，将克林贡人的脸正大光明地展露在观众面前。

克林贡人穿的大衣似乎是由类似犀牛或大象皮的东西制成的。"我喜欢有质感的东西，"卡普兰说，"我觉得这些军国主义者当然不住在堪萨斯州或是纽约。他们居住在银河系的另一头，所以我们不知道他们的衣服是用什么做的。这些纹理会激发你的想象，去设想做成服装的可能是什么样的动物。我们没有为了拍这部电影杀死大象，这些仿制品之所以看起来如此真实，归功于我们才华横溢的纺织艺术家马特·雷茨玛（Matt Reitsma）。"

作为纺织艺术家，雷茨玛在《霍比特人：意外之旅》（The Hobbit: An Unexpected Journey）、《超人：钢铁之躯》（Man of Steel）和《诺亚方舟》（Noah）等电影中均有出色的表现。为了满足卡普兰的要求，他找到了一种方法模仿大象皮或犀牛皮的质感，即通过使用胶水和热处理的方式将中国丝绸与厚绒布黏合在一起。"这种方法能创造出这种非常逼真的皮面，"卡普兰热情地说，"当然，之后我们还要对它进行染色、上漆、老化和修复等处理。"

本片的发型部门负责人玛丽·L.马斯特罗（Mary L.Mastro）为克林贡人设计了一些独特的发饰，以强调他们的面部容貌；这有助于观众区分克林贡人，即使他们只会出现在背景中。考虑到克林贡服装的领子都很高，她在他们的头盔后面戴上了由真发和人造头发做成的假发。

左上图：新的克林贡头盔灵感来源于一只马蹄蟹。

右上图：克林贡外套面料的灵感来源于犀牛皮，克林贡"三叉戟"标志的灵感来源于原初系列的设计。

上图：《星际迷航》中一个可怕的克林贡人。

对页图：迈克尔·卡普兰的新克林贡服装概念插画。他们看起来可能不像你父辈熟悉的克林贡人，但他们的造型也足够强悍。

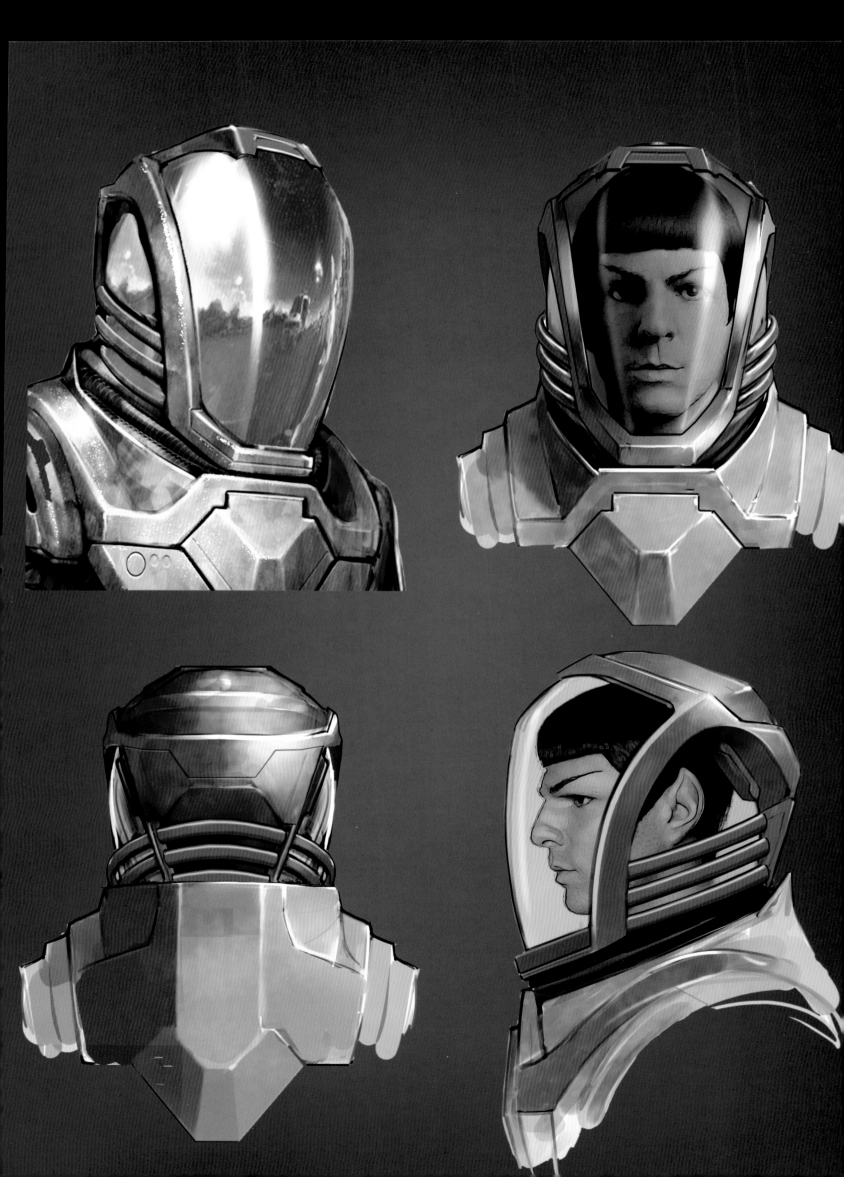

铜黄色的瓦肯人

在《星际迷航：暗黑无界》的第一幕中，史波克（扎克瑞·昆图饰）穿着耐热防护服，向下进入一座正在喷发的火山。

迈克尔·卡普兰花了很长时间思考该用什么颜色做这套衣服。"我希望得到一些视觉上令人愉悦的东西，"他说，"我最终决定，黄铜色非常适合电影呈现。在未来派电影中，一切都倾向于使用黑色或银色，而铜色的使用率太低了。虽然我认为这可能非常愚蠢，因为如果你要下火山，你最不愿意做的事情就是穿上铜制的衣服，因为铜是最好的导热体。但这套衣服呈现出来的效果非常好。这套防护服必须有'进入火山前'和'进入火山后'两种样子。我知道铜绿会非常漂亮。防护服最初是一种非常闪亮明亮的铜，就像一个抛光的水壶。然后，史波克回来后，你可以看到所有的风化和高温留下的痕迹。风化效果是用化学物质来完成的。我们做了好几个版本的防护服，其中一个是用某种树脂模制的，然后镀上真正的铜，制作者在有的部分用化学药品处理，使其氧化。

"我们也有用于动作拍摄的橡胶套装，这样特技演员或演员本人在跳跃或跌倒时不会受伤。然后我们会换上稍重的带有铜板的套装，因为金属在特写镜头中看起来比橡胶要好得多。"

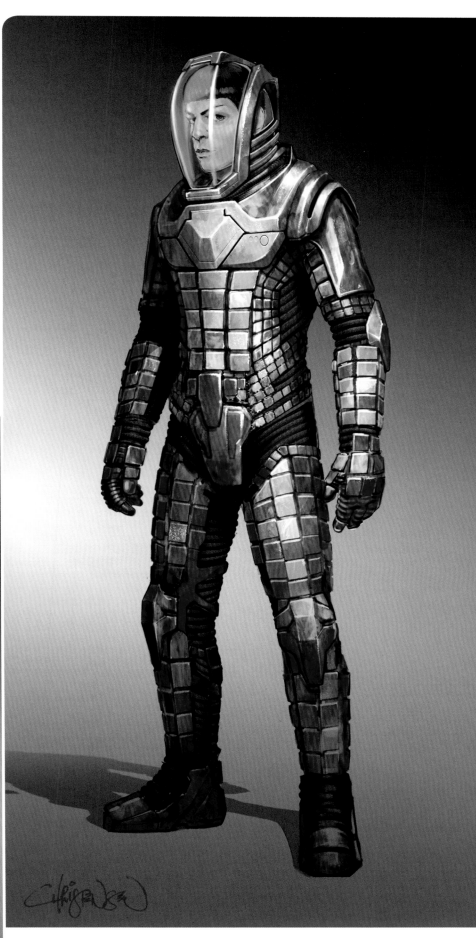

上图、左图和对页图：史波克铜色耐热防护太空服的艺术概念图。

潜水服

"我希望剧组的潜水服与角色通常穿的制服颜色相同,"迈克尔·卡普兰说,"颜色区分非常重要;即使角色穿着潜水服,你也可以通过服装的颜色知道他们是谁。"

潜水服主色调为银灰色,分色标志显示为狭窄的色带,色带在正面大致围绕胸肌的位置,绕到背面后则在上下背部水平排列。

至少所有男式潜水服的外观是这样。但在乌胡拉的潜水服上,颜色图案是相反的。它主要是红色的,前面和后面都有银色的线条。打破这条规则的原因是——

"我知道佐伊穿红色会很好看。"卡普兰笑着承认。

"一次迈克尔·卡普兰头脑风暴的产物,"J.J.艾布拉姆斯谈到乌胡拉的潜水服时说道,这是他在电影中最喜欢的服装之一。"我们合作的时间已经够长了,我对他的直觉有着内在的信任。这是他最先向我展示的作品之一。他用这种华丽的红色做了一些渲染,看起来很棒。佐伊穿着它看起来美极了。"

决定颜色可能是制作潜水服过程中最简单的任务。"我们无法得到我们需要的面料等级的现成潜水服,所以我们必须从头开始制作,"卡普兰指出,"这让我们的首席剪裁设计师露丝·霍西(Ruth Hossie)非常头疼。它们制作起来实在很难。露丝非常严格。你可以从她制作这些潜水服的工作中看到这一点。所有部件都非常非常仔细地黏合在一起。"

卡普兰希望潜水服上印着与普通制服相同的小星际舰队箭头。不用说,在氯丁橡胶上压印是极其困难的。但并不像找到制作索尔达娜服装所需的那样困难,她服装上红色氯丁橡胶必须有精确的厚度。事实证明这是不可能完成的任务。"所以我建议:'我们试试染色吧!'"卡普兰回忆说,

"有人回答我:'你疯了吗?!这种材料染不上色。'我猜以前从未有人试过给氯丁橡胶染色,"他沉思道,"但经过几次失败的尝试,我们终于成功了。我们真的非常幸运。"

顶图:苏鲁、乌胡拉和麦考伊的潜水服概念插画。
上图:佐伊·索尔达娜穿上了制作好的潜水服。这是艾布拉姆斯最喜欢的服装之一。
对页图:在乌胡拉的潜水服上清晰地显示着微小的星际舰队徽章图案。迈克尔·卡普兰在标准星际舰队制服的面料上使用了相同的设计。

可汗～汗～汗～～～！

很明显，可汗这个角色有点像个"活衣架"。他换衣服的次数和《星际迷航：进取号》的船员们一样多。迈克尔·卡普兰回忆道："本尼迪克特·康伯巴奇在这部电影中有大约六套不同的服装，包括一件肌肉服。"

是"超级英雄"们穿的那种肌肉服吗？

"不，不，"卡普兰澄清道，"当本尼迪克特进入剧组时，他身材很好，但太苗条了。我们想将可汗塑造成一个非常威严的形象，所以我们为他做了一套肌肉服。"

"我记得本尼迪克特比克里斯·派恩矮10厘米左右，"J. J.艾布拉姆斯解释道。"他的体重比克里斯轻得多。可汗必须是一个威严的人物，穿着白色的布里奇套装，黑色的轮廓要给人留下深刻的印象。因此，迈克尔做了一套服装，让他看起来身材更结实，更有威慑感，本尼迪克特一直在外套里面穿着这套服装。除了这套服装外，他还需要穿增高鞋。为了拍摄一幕裸身洗澡的画面，他跟着教练疯狂锻炼，身材练得特别好。我要说，在我们拍摄那一幕的时候，他看起来真的非常、非常棒。"

但淋浴场景最终被剪掉了。"当可汗考虑他的下一步行动时，这一幕应当让观众感到自己获得了某种特权，能看到这个人物如此私人的时刻，"艾布拉姆斯说，"然而，从叙事的角度来看，这根本行不通，感觉有点傻。你会纳闷，'为什么要我们看着他洗澡？'所以我把它剪掉了。"

对于穿着整齐的可汗来说，他的外套最为引人注目，尤其是他在克林贡母星穿的那件带有宽罗纹翻领的长大衣。设计师解释道："在战斗场面中，当他从高处一跃而下，脸上戴着面具，大衣的衣摆在他身后飘动，看起来几乎像在飞翔。"

虽然这件与众不同的外套看起来是皮革的，但实际上它是由一种带有油蜡涂层的日本棉布制成。而且，正如卡普兰和艾布拉姆斯承认的那样，这是对里克·德卡德（Rick Deckard）［哈里森·福特（Harrison Ford）饰］在《银翼杀手》中穿的长外套的致敬。那件外套同样由卡普兰设计，凭借在《银翼杀手》中的表现，卡普兰首次获得了服装设计奖项。

卡普兰解释说，人物的服装在塑造角色方面起到了和演员同等重要的作用。可汗在《星际迷航：暗黑无界》中穿了三件不同的外套，每件外套所用的材料都增强了服装在特定场景中的表现力。设计师提到："在电影的开始，可汗（在医院）穿得像个平民，他穿着一件非常先锋、非常时尚的高领外套。"

卡普兰解释说，可汗在克罗诺斯穿的外套很重，"所以当可汗从他站的横梁上跳下来时，它会像披风一样张开。这和我在《史密斯夫妇》（*Mr. and Mrs. Smith*）中为安吉丽娜·朱莉（Angelina Jolie）做的服装一样，她从一栋楼顶上跳下来，她的外套散开，几乎变成了降落伞。"

"后来，在他与史波克在垃圾船顶上搏斗的场景中，他穿着一件很薄的布料制成的长外套，"卡普兰继续说，"当他从一层跳到另一层时，这件服装显得非常优美。"

"这件外套的想法对我来说很重要，"艾布拉姆斯说，"我一直在想，如果他要从一个地方跳到另一个地方，你需要给他穿上那件外套，因为这样做画面将会具备更强的冲击力，更戏剧化。所以，当他的飞船在旧金山坠毁的时候，他做的第一件事就是拿一件外套……"

……非常便利，这外套就躺在他手边的长凳上（这条长凳也非常适合可汗）。

艾布拉姆斯说到这笑了起来，他承认："好吧，我们试图从故事的角度证明让这一行为显得合理一些。因此，我们设置剧情暗示他受了伤，并试图对旁观者隐瞒自己的伤势。但事实上这件大衣之所以存在，完全是为了让追逐场面和打斗场面更具戏剧性。"

对页图：迈克尔·卡普兰为可汗的服装所作的概念插画。穿着这套衣服，可汗气场十足地降临了克林贡人的母星。

左上图：第一印象非常重要。电影早期，可汗的平民装扮让观众意识到这是一个具有高度自尊以及高度时尚感的角色。

右上图：设计师卡普兰用这件罗纹领大衣向他早期的作品《银翼杀手》致敬。对页插图展现了这件服装制作出来后的模样。

后记

宇宙，人类最后的边疆……

2006年，人们把《星际迷航》戏服小心翼翼地从工作室仓库转移到拍卖区，然后出售给出价最高的人，这些服装已有40年历史。它们出自《星际迷航：原初系列》《星际迷航：下一代》《星际迷航：深空九号》《星际迷航：航海家号》《星际迷航：进取号》等电视剧，以及《星际迷航：无限太空》等10部电影作品。对于让《星际迷航》保持活力的粉丝来说，这是一个可以真正拥有一件手工艺制品的好机会，如果愿意，你们可以拥有自己喜爱并支持了40年的电视节目、电影的某一部分！

虽然这是一个快乐的时刻，但对于专注的收藏家来说，这也是一个非常悲伤的时刻，尤其是对于那些曾有幸在《星际迷航》服装部门工作过，甚至路过的人来说，这种精彩的收藏品再也不会集中在某一个地方、某一集电视剧和某一部电影的宝库里，并借助世界上一些最优秀的设计师、裁缝和珠宝制造商精心制作的织物、线和金属来细细地述说了。就好像拆散了的卢浮宫、史密森尼博物馆或哈佛图书馆一样，里面的东西会散落飘零。

不过，我们也不用太过伤感。

《星际迷航》50周年纪念为我们提供了一个极好的机会，大家可以在本书的页面中再次收集到这些宝藏——甚至可以从J.J.艾布拉姆斯的《星际迷航》"宇宙"（拍卖时还不存在）里添加一些新的宝物。通过档案里的照片、设计师的草图，以及从热心收藏家那儿借出的，数量惊人的原创服装里，我们希望——《星际迷航：50年服装纵览》——这本书能让你们了解到，在《星际迷航》前50年，在那永无止境的使命里，它的服装部里到底有些什么样的衣服；以及，在那些奇特的新世界里，人们都穿了些什么样的衣服！

上图：一张早期的宣传照，史波克［伦纳德·尼莫伊饰］和柯克（威廉·夏特纳饰）衣着上的军衔条纹只在《星际迷航：原初系列》的两部试播集里使用过，尽管没有配在这件外衣上（此件外衣出自后面的剧集）。夜曼·兰德［葛瑞丝·李·惠特妮（Grace Lee Whitney）饰］身穿试播集中的女士衣裤制服，但是，她的角色并没有在剧集里穿上这套服装。她身上的服装似乎是第一部试播集《囚笼》中，大副这一角色的服装，后来剧集中的短束腰上衣则没有这种条纹。样片中，约曼·兰德（格蕾丝·李·惠特尼饰）穿着女式短束腰上衣搭配裤子的制服，但她所扮演的角色却从未在电视剧里穿过这身衣服。这里似乎是第一部样片《囚笼》里"头号人物"所穿的戏装。

参考文献

(*Note:* Any quote not cited with a footnote is the result of a direct interview between the authors and the quoted person.)

[1] Fontana, D. C., "Behind the Camera: William Ware Theiss." *Inside Star Trek*, Issue 6 (December 1968).

[2] Whitfield, Stephen E.; Roddenberry, Gene, *The Making of Star Trek*, Ballantine Books (1968).

[3] *The Star Trek Guide*, Paramount Television, Third Revision (April 17, 1967).

[4] Fontana, D. C., "Behind the Camera: William Ware Theiss." *Inside Star Trek,* Issue 7 (February 1969).

[5] Magda, James, "Bill Theiss: The Lost Interview— a Stitch in Time," Web blog post. *Star Trek, Prop, Costume & Auction Authority.* 4 May 2008. Web. 6 Sept. 2014.

[6] Lowry, Brian, "The Songs of Uhura," *Starlog*, Issue 116 (March 1987).

[7] Willson, Karen E., "Outfitting the Crew of the *Enterprise*: Bob Fletcher, Costume Designer," *Starlog*, Issue 33 (April 1980).

[8] Mitchell, J. Blake; Ferguson, James, "The Star Trek Costumes, Part One." *Fantastic Films*, Issue 8 (February 1980).

[9] Sackett, Susan; Roddenberry, Gene, *The Making of Star Trek: The Motion Picture*, Pocket Books (1980).

[10] Mitchell, J. Blake; Ferguson, James, "The Star Trek Costumes, Part Two." *Fantastic Films*, Issue 9 (March 1980).

[11] "Star Trek II Costumes," *Star Trek: The Magazine*, Vol. 3, Issue 5 (September 2002).

[12] Asherman, Allan, *The Making of Star Trek II: The Wrath of Khan*, Pocket Books (1982).

[13] Anderson, Kay, "Star Trek: The Wrath of Khan," *Cinefantastique*, Vol. 12, No. 5/6 (July 1982).

[14] Teitelbaum, Sheldon; Anderson, Kay, "The Search for Spock," *Cinefantastique*, Vol. 17, No. 3/4 (June 1987).

[15] Altman, Mark, "The Movie Voyages of the *Starship Enterprise*," *Cinefantastique*, Volume 22, No. 5 (April 1992).

[16] Brooks, James E., "The Admiral's New Clothes," *Starlog*, Issue 143 (June 1989).

[17] Martin, Sue, "Fashion 87: New Star Trek Costumes Are Beamed Up," *Los Angeles Times* (December 11, 1987).

[18] Spelling, Ian, "Queen Bee," *Starlog*, Issue 236 (March 1997).

[19] Nemecek, Larry, "Cloaking Devices," *Star Trek Communicator*, No. 142 (February 2003).

[20] Head, Steve, "An Interview with Tom Hardy," *IGN*, Ziff Davis, 9 December 2002. Web. 18 Nov. 2014.

[21] Klastorin, Michael, "A First Look at Star Trek Nemesis," *Star Trek Nemesis*, Pocket Books (2002).

[22] Abele, Robert, "Enterprise Creators Searched the Galaxy to Identify the Next Superstar Star Trek Life-Form," *Maxim Magazine* (October 2001).

[23] Cotta Vaz, Mark, *Star Trek: The Art of the Film*, Titan Books (2009).

原文书名：STAR TREK COSTUMES:FIVE DECADES OF FASHION FROM THE FINAL FRONTIER
原作者名：PAULA M. BLOCK AND TERRY J. ERDMANN
Published by arrangement with Insight Editions, LP, 800 A Street, San Rafael, CA 94901, USA, www.insighteditions.com via Copyright Agency of China Ltd. (中华版权代理有限公司）

本书中文简体版经Insight Editions授权，由中国纺织出版社有限公司独家出版发行。
本书内容未经出版者书面许可，不得以任何方式或任何手段复制、转载或刊登。
著作权合同登记号：图字：01-2022-2752

献辞

献给伦纳德·尼莫伊（Leonard Nimoy）和哈夫·贝内特（Harve Bennett）：一位是活跃在大小荧幕中的传奇，另一位是幕后工作的王者，祝你们俩在未来之城的旅途中一帆风顺！

图书在版编目（CIP）数据

星际迷航：50年服装纵览 /（美）宝拉·M.布洛克，（美）特里·J.厄德曼著；赵伟译 . -- 北京：中国纺织出版社有限公司，2023.8
ISBN 978-7-5229-0223-4

Ⅰ.①星… Ⅱ.①宝… ②特… ③赵… Ⅲ.①电影—剧装—介绍—英国 Ⅳ.① TS941.735

中国国家版本馆 CIP 数据核字（2023）第 000295 号

责任编辑：宗 静　　特约编辑：李子敬
责任校对：寇晨晨　　责任印制：王艳丽

中国纺织出版社有限公司出版发行
地址：北京市朝阳区百子湾东里 A407 号楼　邮政编码：100124
销售电话：010—67004422　传真：010—87155801
http://www.c-textilep.com
中国纺织出版社天猫旗舰店
官方微博 http://weibo.com/2119887771
北京华联印刷有限公司印刷　各地新华书店经销
2023 年 8 月第 1 版第 1 次印刷
开本：710×1000　1/8　印张：32
字数：323 千字　定价：298.00 元

凡购本书，如有缺页、倒页、脱页，由本社图书营销中心调换

致谢

如果没有这群善良的人们，没有他们的鼓励、配合和指导，这本书是不可能完成的。我们仅仅打了一个招呼，他们就毫不犹豫地献上自己的时间、才华，甚至他们私人的故事。

我们对他们示以诚挚的感谢：要特别感谢J.J.艾布拉姆斯、罗伯特·布莱克曼、托德·布莱恩特、莱瓦尔·伯顿、黛博拉·埃弗顿、迈克尔·福里斯特、乔纳森·弗雷克斯、桑加·米尔科维奇·海斯、J.G.赫茨勒、迈克尔·卡普兰、塔尼娅·莱玛尼、芭芭拉·卢娜、罗纳德·D.摩尔、尼洛·罗迪斯-贾梅罗、玛吉·施帕克、多迪·谢波德和杜琳达·赖斯·伍德。当我们用数不清的问题麻烦你们时，是你们毫无保留地分享了你们的记忆！

再次感谢罗伯特·布莱克曼！感谢你们分享了令人惊叹的照片，分享了你们心爱的艺术品！感谢电影艺术与科学学院玛格丽特·赫里克图书馆的安妮·可可；感谢约翰·埃夫斯、杰拉德·古瑞安；感谢哈佛大学霍顿图书馆的玛丽·海格特、莱斯利·A.莫里斯和戴尔·斯廷查科姆；感谢布里奇曼艺术图书馆的托马斯·哈格蒂；感谢格雷格·吉因；感谢罗伯·克莱因；感谢基恩·柯齐基（Gene Kozicki）；感谢肯尼·迈尔斯；感谢迈克尔和丹尼斯·奥田硕；感谢安德鲁·普罗伯特；感谢阿诺沃斯（ANOVOS）公司的乔·萨尔塞多（Joe Salcedo）和达纳·加瑟（Dana Gasser）；感谢宝龙拍卖行的梅丽莎·桑切斯（Melissa Sanchez）；以及里克·施特恩巴赫。

感谢伊桑·伯姆（Ethan Boehme），在我们的服装拍摄过程中，他捕捉到了银河星系里最酷的图像！

感谢丹·马德森（Dan Madsen），大卫·麦克唐纳（David McDonnell）和拉里·内梅切克（Larry Nemecek），感谢你们在过去五十年的大部分时间里，为粉丝媒体和杂志界所做的工作！

对哥伦比亚广播公司（CBS）消费产品部，我们要感谢约翰·范·西特斯（John Van Citters）、里萨·凯斯勒（Risa Kessler）、雅斯敏·埃拉奇（Yasmin Elachi）和玛丽安·科德利（Marian Cordry）。（事实上，考虑到玛丽安所做的贡献，她花了数百个"下班时间"扫描档案材料，简单的点头接受远远不够，我们想补充说，"你是我们的英雄！"）

对洞察出版社（Insight Editions），要感谢我们无畏的编辑克里斯·普林斯（Chris Prince），以及罗比·施密特（Robbie Schmidt）、乔恩·格利克（Jon Glick）、伊莱恩·欧（Elaine Ou）和凯蒂·德桑德罗（Katie DeSandro）。

感谢摩根·达默隆、道格·德雷克斯勒、乔伊斯·科古特、卡罗尔·昆兹、本·麦金尼斯、保罗·鲁迪提斯、伊恩·斯佩尔，特别感谢你们的友谊、帮助和鼓励！